"十三五"职业教育规划教材

计算机应用技术
项目化教程

主　编　许维进　黄梅香
副主编　梁钦水　陈　强

中国铁道出版社有限公司
CHINA RAILWAY PUBLISHING HOUSE CO., LTD.

内 容 简 介

本书根据国务院办公厅印发的《加快推进教育现代化实施方案（2018—2022 年）》的要求编写，着力构建基于信息技术的新型教育教学模式，是适合高等职业教育计算机基础类课程的新形态立体化教材。

本书以项目为载体，以提高学生计算机基本操作能力为目标，基于工作任务精心设计教学内容。全书共分为 6 个项目，内容包括计算机基础知识、Windows 10 操作系统及应用、计算机网络技术基础、Word 2016 文字处理软件及应用、Excel 2016 电子表格处理软件及应用、PowerPoint 2016 演示文稿制作软件及应用。在这些项目中，都分别设计了一系列具有代表性的工作任务，在相关的一系列任务中逐步展开知识点和相关技能，确保本书内容常用、实用和够用。本书主要按照"任务描述→知识准备→任务分析→任务实施"的任务流程，带领学生逐步完成任务。重要的知识点和操作点都有相应的习题，以帮助读者加深理解。

本书除了纸质版外，在"职教云"平台上建有电子教材、微课视频、PPT 课件、课程标准、授课计划、教案、试题库、任务案例素材等数字化立体资源。

本书适合作为高等职业院校计算机公共基础课的教材，也可以作为个人参考用书。

图书在版编目（CIP）数据

计算机应用技术项目化教程/许维进，黄梅香主编. —北京：
中国铁道出版社有限公司，2020.8
"十三五"职业教育规划教材
ISBN 978-7-113-27241-8

Ⅰ.①计… Ⅱ.①许… ②黄… Ⅲ.①电子计算机-高等职业
教育-教材 Ⅳ.①TP3

中国版本图书馆 CIP 数据核字(2020)第167556号

书　　名：计算机应用技术项目化教程
作　　者：许维进　黄梅香

策　　划：王春霞　　　　　　　　　　　　编辑部电话：(010) 51873628
责任编辑：王春霞　许　璐
封面设计：一克米工作室
封面制作：刘　颖
责任校对：张玉华
责任印制：樊启鹏

出版发行：中国铁道出版社有限公司（100054，北京市西城区右安门西街 8 号）
网　　址：http://www.tdpress.com/51eds/
印　　刷：三河市宏盛印务有限公司
版　　次：2020 年 8 月第 1 版　2020 年 8 月第 1 次印刷
开　　本：880 mm×1 230 mm　1/16　印张：15　字数：321 千
书　　号：ISBN 978-7-113-27241-8
定　　价：43.00 元

前　言

随着计算机技术、互联网技术的发展与应用的日益广泛，计算机和移动终端已经成为人们学习、工作、生活的重要工具，掌握计算机的基本理论知识、计算机和移动终端的操作已经成为当今高职高专学生的基本技能。教育部《全国高等职业教育计算机应用基础课程基本要求》的主要内容是培养学生的信息素养、提高学生获取、处理、应用信息的能力，增强学生利用网络资源自觉学习的习惯与提高技术水平的能力，为了响应该要求，以及适应当前高职高专教育教学改革与人才培养的新形势和新要求，我们编写了此教材。

本书内容紧跟主流技术，介绍了 Windows 10 操作系统和 Office 2016 应用软件的操作方法和操作技巧，采用以项目为导向的模式，并以工作任务为主线展开知识点和操作点，操作步骤通俗易懂，对关键点进行了配图说明，便于自学，案例的选取考虑融入课程思政的元素。本书内容包括计算机基础知识、Windows 10 操作系统及应用、计算机网络技术基础、Word 2016 文字处理软件及应用、Excel 2016 电子表格处理软件及应用、PowerPoint 2016 演示文稿制作软件及应用 6 个项目。在这些项目中，都分别设计了一系列具有代表性的工作任务，力保教材内容常用、实用和够用，主要按照"任务描述→知识准备→任务分析→任务实施"的流程，带领学生逐步完成任务。通过任务的全面训练，引导学生做中学、学中做、边学边做，学知识、学技能、学经验、学敬业精神、学严谨踏实的科学作风，从而提高学生计算机的操作能力，提高学生综合应用和处理复杂问题的能力。

根据《加快推进教育现代化实施方案（2018—2022 年）》的要求，要着力构建基于信息技术的新型教育教学模式。本书是立体化教材，除了纸质教材外，在"职教云"平台上建有电子教材、微课视频、PPT 课件、教案、试题库、任务案例素材下载等资源，使得教学可以采用"线上线下"相结合的模式，根据学生的计算机水平，可以灵活地安排教学。借助云平台，学生可以随时随地学习，老师可以及时了解学生的学习情况，通过云平台对课程的教学效果进行较为客观的评价。

　　本书由许维进、黄梅香任主编，梁钦水、陈强任副主编。其中项目一、项目三、项目四由许维进编写；项目二由陈强编写；项目五由梁钦水编写；项目六由黄梅香编写；江妤参与了本书习题的编写，全书由许维进审稿和统稿。

　　由于编者水平有限，疏漏之处在所难免，恳请广大读者批评指正。

编　　者

2020 年 7 月

目录

基 础 篇

应 用 篇

基础篇

项目一

计算机基础知识

在以信息化、网络化为特征的当今社会，计算机应用无处不在，它在改变我们生活方式的同时，也把我们带进了一个崭新的计算机文化时代。具备计算机文化知识和计算机应用能力，不仅是进一步学习专业课程的必然要求，同时也是适应信息化、网络化、智能化时代发展的客观要求。

学习目标

（1）了解计算机的产生、发展、分类、特点和应用领域。

（2）了解计算机的工作原理及结构，以及计算机信息编码。

（3）了解计算机的组成系统。

任务一　了解计算机

任务描述

当前，计算机已成为人们学习、工作，乃至生活不可或缺的工具，学习计算机就要系统全面地了解计算机的相关知识，本任务需要了解的相关知识主要包括计算机的诞生、发展历程、发展趋势、特点、分类、应用领域。

任务实施

1. 计算机的诞生

1946年2月，第一台电子计算机诞生于美国宾夕法尼亚大学，称为"埃尼阿克"（Electronic Numerical Integrator And Calculator，ENIAC），即电子数值积分计算机，如图1-1所示。它是为第二次世界大战时美国陆军计算射表而制造的，负责人是物理学家约翰·莫利奇和工程师普雷斯泊·埃克特，这台机器是个庞然大物，占地面积约170 m^2，重30多吨，用了18 800只电子管、7 000只电阻器、10 000只电容器、50万条线、6 000个开关和配线盘、功率为15 kW，每秒可以完成5 000次加法运算，是手工计算的20万倍。但是，ENIAC也存在缺点，它没有存储器，只有寄存器，仅能寄存10个数码，并且需要布线接板控制，编制程序和布线会浪费很多时间，抵消了运算速度快的优点。它的诞生为现代计算机的发展奠定了基础，并宣告一个崭新的计算机时代的到来。

第一台电子计算机诞生后，1945年，由美籍匈牙利数学家冯·诺依曼针对ENIAC存储程序方面的弱点，提出了"存储程序"的通用计算机的工作原理，1946年给出了离散变量自动电子计算机（Electronic Discrete Variable Automatic Computer，EDVAC）的设计方案。

世界上第一台基于冯·诺依曼"存储程序"原理制造的电子计算机是电子延迟存储自动计算机（Electronic Delay Storage Automatic Calculator，EDSAC），如图1-2所示。它是由英国剑桥大学的维尔克斯教授于1947年领导设计的，该机于1949年5月制成并投入运行。

图1-1 世界上第一台电子数值积分计算机　　图1-2 世界上第一台冯·诺依曼计算机

半个多世纪以来，计算机的基本体系结构和工作原理一直沿用冯·诺依曼原理，基于这一原理制造的计算机，称为冯·诺依曼计算机。

2. 计算机的发展历程

计算机问世至今虽然只有70多年，但伴随其技术日新月异的发展，计算机已从昔日只能进行简单数值计算的庞然大物，演变成为今天功能强大的数字化信息处理机，这当中电子器件的变革是主要的推动力量，所以人们通常按计算机所采用的电子物理器件来划分计算机的发展阶段。计算机发展至今总体上经历了电子管、晶体管、集成电路、大规模和超大规模集成电路4个阶段，现在或不远的将来将迎来计算机发展的第5个阶段。

1）第一代电子管计算机

1946—1957年，这一时期生产的计算机主要是以电子管（见图1-3）为物理器件，采用水银延迟线、磁鼓等类型存储器。其主要使用定点运算，使用机器语言或汇编语言编写程序，没有操作系统。该类计算机体积大、运算速度慢、成本高、功能单一，主要应用于国防和科学计算。

2）第二代晶体管计算机

1958—1964年，这一时期生产的计算机主要是以晶体管（见图1-4）为物理器件，采用磁心存储器，计算机普遍使用浮点运算，开始使用磁盘和磁带等外部存储器，事务处理使用的COBOL语言、科学计算机使用的ALGOL语言和符号处理使用的LISP等高级语言开始进入实用阶段，出现操作系统雏形。计算机的使用方式由手工操作改变为自动作业管理，与第一代计算机相比，晶体管电子计算机（见图1-5）体积小、成本低、功能强、可靠性高，除了科学计算外，还用于数据处理和事务处理。

图1-3　电子管

图1-4　晶体管

图1-5　晶体管计算机

3）第三代集成电路计算机

1965—1971年，这一时期生产的计算机主要是以集成电路（见图1-6）为物理器件，采用半导体存储器，开始普遍采用虚拟存储技术。程序设计语言逐渐趋向标准化及结构化，高级语言种类进一步增加，操作系统在这一时期日趋完善，具备批量处理、分时处理、实时处理等多种功能。集成电路计算机（见图1-7）体积、质量、功耗大大减少，运算精度和可靠性等指标大为改善，计算机应用遍及科学计算、工业控制、数据处理等各个方面。

图1-6　集成电路

图1-7　集成电路计算机

4）第四代大规模和超大规模集成电路计算机

从1972年至今，这一时期生产的计算机主要是以大规模和超大规模集成电路（见图1-8）为物理器件。由于把CPU、主存储器及各I/O接口集成在大规模集成电路和超大规模集成电路芯片上，计算机在存储容量、运算速度、可靠性及性能价格比方面均比上一代有较大突破；在软件方面发展为分布式操作系统、数据库和知识库系统、高效可靠的高级语言以及软件工程标准化等，并形成软件产业，第四代计算机已广泛应用于各行各业，如图1-9所示。

图1-8 超大规模集成电路

图1-9 超大规模集成电路计算机

3．计算机的发展趋势

随着社会经济和科学技术发展对计算机技术要求的提高，信息化、网络化使得计算机的发展更加趋向于巨型化、微型化、网络化和智能化。

1）巨型化

巨型化是计算机发展的一个重要方向，其特点是具有超级的运算速度、超大的存储容量，可提供超强的功能，而不是指计算机的体积大。

2）微型化

微型化则是计算机发展的另一个方向，其特点是利用超大规模集成电路研制质量更加可靠、性能更加优良、价格更加低廉、整机更加小巧的微型计算机。微型计算机现在已大量应用于仪器、仪表、家用电器等小型仪器设备中，同时也作为工业控制过程的心脏，使仪器设备实现"智能化"。

3）网络化

网络化就是用通信线路将各自独立的计算机连接起来，以便进行协同工作和资源共享。例如，通过Internet，人们足不出户就可以获取大量的信息，进行网上贸易等。当前，网络技术已经从计算机技术的配角地位上升到与计算机紧密结合、不可分割的地位，产生了"网络电脑"的概念。

4）智能化

计算机的智能化就是要求计算机具有人的智能。能够像人一样思维，使计算机能够进行图像识别、定理证明、研究学习、探索、联想、启发和理解人的语言等，它是新一代计算机要实现的目标。智能化使计算机突破了"计算"这一初级的含义，从本质上扩展了计算机的能力，可以越来越多地代替人类的脑力劳动。

4．计算机的特点

计算机作为一种通用的信息处理工具能得到广泛的应用和普及，是因为计算机具有如下特点。

1）自动控制

计算机能在程序控制下自动连续地高速运算。由于采用存储程序控制的方式，因此一旦输入编制好的程序，启动计算机后，就能自动地执行下去，直至完成任务。这是计算机最突出的特点。

2）运算速度快

计算机能以极快的速度进行计算。现在普通的微型计算机每秒可执行几十万条指令，而巨型机则达到几十亿次，甚至几百亿次。随着计算机技术的发展，计算机的运算速度还在提高。例如天气预报，由于需要分析大量的气象资料数据，单靠手工完成计算是不可能的，而用巨型计算机只需十几分钟就可以完成。

3）运算精度高

电子计算机具有以往计算机无法比拟的计算精度，目前已经达到小数点后上亿位的精度。

4）具有记忆和逻辑判断能力

人是有思维能力的，而思维能力本质上是一种逻辑判断能力。计算机借助于逻辑运算，可以进行逻辑判断，并根据判断结果自动地确定下一步该做什么。计算机的存储系统由内存和外存组成，具有存储和"记忆"大量信息的能力，现代计算机的内存容量已达到百兆字节，甚至几吉字节，而外存也有惊人的容量。如今的计算机不仅具有运算能力，还具有逻辑判断能力，可以使用其进行诸如资料分类、情报检索等具有逻辑加工性质的工作。

5）可靠性高

随着微电子技术和计算机技术的发展，现代电子计算机连续无故障运行的时间可达到几十万小时以上，具有极高的可靠性。例如，安装在宇宙飞船上的计算机可以连续几年时间可靠地运行。计算机应用在管理中也具有很高的可靠性，而人却很容易因疲劳而出错。另外，计算机对于不同的问题，只是执行的程序不同，因而具有很强的稳定性和通用性。用同一台计算机能解决各种问题，应用于不同的领域。

5. 计算机的分类

计算机发展到现在，琳琅满目、种类繁多，计算机的合理分类有助于人们了解计算机的特点和性能，但是，如何对计算机进行分类并没有一个固定的标准，可以从不同的角度对计算机进行分类。目前，通常按计算机信息的表示形式和对信息的处理方式、用途、规模与性能对计算机进行分类。

1）按计算机信息的表示形式和对信息的处理方式分类

按计算机信息的表示形式和对信息的处理方式划分，计算机分为模拟计算机、数字计算机和混合计算机：①模拟计算机是用模拟量（模拟量就是以电信号的幅值来模拟数值或某物理量的大小）来表示信息，模拟计算机主要用来处理连续的模拟信息，模拟计算机由于受元器件质量的影响，其计算精度较低，应用范围较窄，目前已很少生产；②数字计算机是用0和1的代码串来表示信息，数字计算机主要用来处理由0和1代码串表示的、不连续的数字化信息，与模拟计算机相比，数字计算机具有运算速度快、准确、存储量大等优点，适用于科学计算、信息处理、过程控制和人工智能等，具有最广泛的用途，现在人们所使用的大都是数字计算机；③混合计算机是综合了上述两种计算机的长处设计出来的，它既能处理数字量，又能处理模拟量，但是这种计算机结构复杂，设计困难。

2）按计算机的用途分类

按计算机的用途不同来划分，计算机可分为通用计算机和专用计算机：①通用计算机是为能解决各种问题而设计的，它功能全、用途广、通用性强，目前的计算机多属于通用计算机；②专用计算机则是为解决某一特定问题而设计的，它专用性强、功能单一。

3）按计算机的规模与性能分类

按计算机运算速度、存储容量、功能的强弱，以及软硬件的配套规模等不同划分，计算机又分为巨型机、大型机、小型机、服务器与工作站、微型机、单片机等。

（1）巨型计算机性能极高、运算速度极快，数据存储容量很大，结构复杂，价格昂贵。中国是世界上能研制巨型计算机的少数国家之一，2013年6月研制成功的"天河二号"的巨型超级计算机，峰值运算速度为5.49亿亿次每秒、持续计算速度为3.39亿亿次每秒，是当时全球最快的超级计算机。2016年6月在公布的全球超级计算机500强排行榜上，中国的"神威•太湖之光"（见图1-10）排名第一，中国的"天河二号"（见图1-11）排名第二，美国的"泰坦"（见图1-12）排名第三。"神威•太湖之光"所用的CPU全部是国产的，体现了我国制造CPU的能力。巨型机主要用于国家尖端技术研究和高科技领域，它是衡量一个国家科学综合实力的重要标志之一。

图1-10 "神威•太湖之光"   图1-11 "天河二号"   图1-12 "泰坦"

（2）大型机运算速度快，有较大的存储空间，主要应用在气象、军事、仿真等领域。

（3）小型机的运行原理与个人计算机相似，但它的性能和用途与个人计算机截然不同，主要应用在测量用的仪器仪表、工业自动控制、医疗设备中的数据采集等领域。

（4）服务器（见图1-13）是一种可供网络用户共享的高性能计算机，存储容量大，一般用于存放各类资源，并配备丰富的外部接口，可为网络用户提供浏览、电子邮件、文件传送、数据库等多种业务服务，由于网络操作系统要求较高的运行速度，因此很多服务器都配置多个CPU。工作站（见图1-14）是一种高档微型机系统，通常配备有大容量存储器，具有较高的运算速度和较强的网络通信能力，有大型机或小型机的多任务和多用户功能，同时兼有微型计算机操作便利和人机界面友好的特点。工作站最突出的特点是图形功能强，具有很强的图形交互能力，因此在计算机辅助设计（Computer Aided Design，CAD）、模拟仿真、软件开发、信息服务和金融管理等领域使用。

图1-13 服务器   图1-14 工作站

（5）微型机就是日常使用最多的个人计算机，它采用微处理芯片、体积小、价格低、使用方便。分为台式机、笔记本电脑（见图1-15）和平板电脑（见图1-16）。

图1-15 笔记本电脑

图1-16 平板电脑

（6）单片机则只由一片集成电路制成，其体积小、质量小，结构十分简单，一般用作专用机或用来控制高级仪表、家用电器等，如图1-17所示，其应用领域图1-18所示。

图1-17 单片机

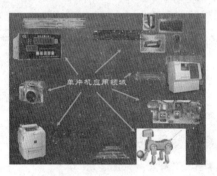

图1-18 单片机应用领域

6. 计算机的应用领域

伴随计算机技术和信息技术的迅速发展，计算机的应用领域也在不断拓宽，如今的计算机不仅应用于数值计算领域，而且在社会生产和人们生活的各个领域都得到了广泛应用，其应用领域主要有以下几个方面。

1）科学计算

科学计算又称数值计算，它是计算机代替人工计算和传统的计算工具最早的应用领域。一直以来，科学研究和工程技术等领域中数据量大、运算复杂的大型计算问题，都要依靠计算机计算来解决，如人造卫星轨迹的计算、地震预测、气象预报及航天技术等。

2）数据处理

数据处理又称信息处理，它是指信息的收集、分类、整理、加工、存储等一系列活动的总称。所谓信息，是指可被人类感受的声音、图像、文字、符号、语言等。数据处理广泛应用于人口统计、办公自动化（Office Automation，OA）、企业管理、财务管理、邮政业务、机票订购、情报检索、图书管理、医疗诊断等领域。

3）辅助设计、制造与教学

计算机辅助设计（Computer Aided Design，CAD）就是把计算机作为一种工具，辅助设计人员完成产品和工程等项目设计中的计算、分析、模拟和制图工作。CAD技术已广泛应用于建筑工程设计、服装设计、机械制造设计、船舶设计等行业，使用CAD技术可以提高设计质量、缩短设计周期、提高设计自动化水平。

计算机辅助制造（Computer Aided Manufacturing，CAM）就是由计算机来控制生产设备和生产操作，实现产品生产自动化。利用CAM可提高产品质量、降低成本和降低劳动强度。

计算机辅助教学（Computer Aided Instruction，CAI）是指将教学内容、教学方法以及学生的学习情况等存储在计算机中，帮助学生轻松地学习所需要的知识。它在现代教育技术中起着相当重要的作用。

除了上述计算机辅助技术，还有其他的辅助功能，如计算机辅助出版、辅助管理、辅助绘制和辅助排版等。

4）实时控制

实时控制就是利用计算机根据其收集到的数据，对控制对象进行自动控制或调节过程，如导弹、人造卫星、飞机的跟踪与控制，就是计算机实时控制的具体应用。

5）人工智能

人工智能（Artificial Intelligence，AI）是计算机一个新的应用领域，它是指利用计算机模拟人类的智能活动，使计算机具有判断、理解、学习、问题求解的能力。这方面的研究和应用正处于发展阶段，并在计算机阅卷、医疗诊断、文字翻译、密码分析、智能机器人等领域取得了一定的应用成果。

6）系统仿真

系统仿真是根据系统分析的目的，在分析系统各要素性质及其相互关系的基础上，建立能描述系统结构或行为过程的、且具有一定逻辑关系或数量关系的仿真模型，据此进行试验或定量分析，以获得正确决策所需的各种信息。

7）计算机网络

计算机网络是计算机技术与通信技术相结合的产物。人们可通过它提供的电子邮件、文件传输、信息查询、网上新闻、各种论坛和电子商务等服务，实现信息的发布与获取，给工作和生活带来了极大的方便。

任务二　计算机的编码

任务描述

在冯·诺依曼计算机中，所有信息均采用二进制编码，也就是计算机内部表示信息、处理信息均采用二进制编码形式，称为数字化信息。信息必须先转换成数字化信息，计算机才可以处理，目前计算机可以处理的信息包括：数字、字符、文字、图形、图像、声音、动画等，然而这些信息是如何用二进制形式来表示的呢？或者说如何给这些信息编码呢？本任务对数字、字符、文字如何转换成数字化信息作简单的介绍。

任务实施

1. 数的编码

数制是指用一组固定的数码和统一的规则来表示数值的方法。日常采用的数制是十进制，除此之外，有时也用到八进制和十六进制，而在计算机内部采用的数制是二进制。因此，数的编码就是将常用数制转换成二进制数。虽然这些数制各不相同，但是它们表示数值的方法却是相似的，都是用若干个数码的组合来表示数值，所表示数值的大小等于各数码所代表数值之和。换言之，任何一种数制表示的数值都可以写成各数码所代表数值之和（称为通式）。例如，用数码 $a_n \cdots a_0$ 组合表示数值 N，则通式为 $N = a_n \times m^n + a_{n-1} m^{n-1} + \cdots + a_0 \times m^0$。

其中，m 是数制基数，也就是数制所使用数码的个数，m^i 是第 i 项数码 a_i 的权值，也就是数码1在数值 N 中第 i 项所代表的数值，数值 N 中最右边数码 a^0 是0项，最左边数码 a_n 是 n 项，数码组合中各数码所代表数值等于数码与其权值的乘积。

1）十进制

数码：0、1、2、3、4、5、6、7、8、9，共10个。

基数：10。

权值：第 i 项数码 a_i 的权值是 10^i。

通式：$N = a_n \times 10^n + a_{n-1} \times 10^{n-1} + \cdots + a_0 \times 10^0$。

例如：$(128)_{10} = 1 \times 10^2 + 2 \times 10^1 + 8 \times 10^0$。

2）二进制

数码：0、1，共2个。

基数：2。

权值：第 i 项数码 a_i 的权值是 2^i。

通式：$N = a_n \times 2^n + a_{n-1} \times 2^{n-1} + \cdots + a_0 \times 2^0$。

例如：$(10000000)_2 = 1 \times 2^7 = (128)_{10}$。

3）八进制

数码：0、1、2、3、4、5、6、7，共8个。

基数：8。

权值：第 i 项数码 a_i 的权值是 8^i。

通式：$N = a_n \times 8^n + a_{n-1} \times 8^{n-1} + \cdots + a_0 \times 8^0$。

例如：$(200)_8 = 2 \times 8^2 + 0 \times 8^1 + 0 \times 8^0 = (128)_{10}$。

4）十六进制

数码：0、1、2、3、4、5、6、7、8、9、A、B、C、D、E、F，共16个。

基数：16。

权值：第i项数码a_i的权值是16^i。

通式：$N = a_n \times 16^n + a_{n-1} \times 16^{n-1} + \cdots + a_0 \times 16^0$。

例如：$(80)_{16} = 8 \times 16^1 + 0 \times 16^0 = (128)_{10}$。

由此可得，二进制、八进制、十六进制按通式展开即可转换成十进制。

2．十进制转换成二进制、八进制、十六进制

十进制转换成二进制（或八进制、十六进制）采用的方法是2（或8、16）除取余法。即用十进制数（这里指整数）除以基数2（或8、16），若商不为0，则继续用商除以基数2（或8、16），直到商为0，最后将余数自下而上排列出来。

例如：将$(35)_{10}$转换成二进制数是$(100011)_2$。

方法如下：

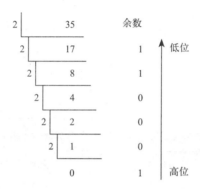

所以，$(35)_{10} = (100011)_2$。

例如：将$(125)_{10}$转换成八进制数是$(175)_8$。方法如下：

例如：将$(164)_{10}$转换成十六进制数是$(A4)_{16}$。方法如下：

3．二进制、八进制、十六进制之间转换

二进制、八进制、十六进制之间转换可以先将某进制数转换为十进制数，然后将得到的十进制数转换为另一进制数，但是这种转换方法很复杂。其实二进制、八进制、十六进制之间的转换可以通过建立二进制与八进制、二进制与十六进制数码之间的对应关系来解决。由于二进制只有0和1两个数码，它是用若干个0和1数码组合来表示

数值的，数码组合的总数与组合中的数码个数有关，数码组合的总数等于 2^n（n 是组合中的数码个数），即：组合中的数码个数是 1（2,3,4,…,7,…）时，数码组合的总数等于 2（4,8,16,…,128,…）。根据这个规律，表示八进制（或十六进制）的 8（或 16）个数码，只需要用二进制数码 3（或 4）个，由此建立两个关系对应表（见表 1-1 和表 1-2），根据关系对应表，就可以完成二、八、十六进制数之间的转换。

表 1-1　二进制数与八进制数对应表

二　进　制	八　进　制
000	0
001	1
010	2
011	3
100	4
101	5
110	6
111	7

表 1-2　二进制数与十六进制数对应表

二　进　制	十　六　进　制	二　进　制	十　六　进　制
0000	0	1000	8
0001	1	1001	9
0010	2	1010	A
0011	3	1011	B
0100	4	1100	C
0101	5	1101	D
0110	6	1110	E
0111	7	1111	F

1）二进制数和八进制数之间的转换

由二进制数转换为八进制数，采用"三位一并法"，就是以小数点为基点，向左右两个方向将每三位二进制数并为一组，不足三位的用 0 补齐，然后按表 1-1 以八进制数表示。

例如：将 $(10110100.10111)_2$ 转换成八进制数。

首先按"三位一并法"对 10110100.10111 进行分组，然后按表 1-1 找出与之对应的八进制数。

010　110　100 . 101　110

　2　　6　　4 . 5　　6

得到转换结果为 $(10110100.10111)_2 = (264.56)_8$，反之，由八进制数转换为二进制数为上述过程的逆过程，采用"一分为三法"（转换举例略）。

2）二进制数和十六进制数之间的转换

由二进制数转换为十六进制数，采用"四位一并法"，就是以小数点为基点，向左向右两个方向将每四位二进制数并为一组，不足四位的用0补齐，然后按表1-2关系以十六进制数表示。

例如：将$(10110100.10111)_2$转换成十六进制数。

首先按"四位一并法"对10110100.10111进行分组，然后按表1-2找出与之对应的十六进制数。

1011　0100 . 1011　1000

　B　　4　.　B　　8

得到转换结果为：$(10110100.10111)_2 = (B4.B8)_{16}$，反之，由十六进制数转换为二进制数为上述过程的逆过程，采用"一分为四法"（转换举例略）。

4.　字符的编码

字符的编码指按照特定编码规则建立字符与二进制编码——对应的关系，即在特定编码规则下，用一个二进制编码表示一个字符。一般地，字符与二进制编码并没有直接的关系，字符对应哪一个二进制编码完全可以人为规定，为了便于信息交换，人们建立了字符的统一编码标准，目前英文字符是以ASCII码为标准编码，汉字采用GB 2312为标准编码。

ASCII码是计算机系统中广泛使用的一种字符编码，是英文American Standard Code for Information Interchange（美国信息交换标准编码）的缩写。该编码已经被国际标准化组织采纳，成为国际间通用的信息交换标准编码。目前国际上流行的是ASCII编码的七位版本，即用一个字节（8个二进制数码为一个字节）的低七位表示一个字符，ASCII码的编码规则是将需要编码的字符：0～9共10个数码，52个英文字母（区分大小写），32个通用符号，34个控制符号，共有$2^7 = 128$个，按空格、数字、大写字母、小写字母的先后顺序排成一个16×8的矩阵，如表1-3所示。

其中，列号为0，1，2，3，4，5，6，7（对应表1-1的二进制数为000，001，010，011，100，101，110，111），行号为0，1，2，3，4，5，6，7，8，9，A，B，C，D，E，F（对应表1-2的二进制数为0000，0001，0010，0011，0100，0101，0110，0111，1000，1001，1010，1011，1100，1101，1110，1111），表中字符对应的列号为高三位，行号为低四位，连起来共七位二进制数作为该字符的ASCII码，最高位则（设为0）作为检验位，用于传输过程检验其正确性。

5.　汉字编码

计算机在处理汉字时要经过输入、内部处理及输出3个环节，各个环节采用的是不同的编码，汉字在这一过程中的代码转换如图1-19所示。

1）输入码

输入码又称外码，是指利用键盘的键名组合给汉字编码，输入码便于利用键盘输入汉字。

图1-19　汉字代码转换

表 1-3　ASCII 码表

八进制 高位（654） → 十六进制 ↓低位（3210）	0 (000)	1 (001)	2 (010)	3 (011)	4 (100)	5 (101)	6 (110)	7 (111)
0　(0000)	NUL	DLE	SP	0	@	P	`	p
1　(0001)	SOH	DC1	!	1	A	Q	a	q
2　(0010)	WTX	DC2	"	2	B	R	b	r
3　(0011)	ETX	DC3	#	3	C	S	c	s
4　(0100)	EOT	DC4	$	4	D	T	d	t
5　(0101)	ENQ	NAK	%	5	E	U	e	u
6　(0110)	ACK	SYN	&	6	F	V	f	v
7　(0111)	BEL	ETB	'	7	G	W	g	w
8　(1000)	BS	CAN	(	8	H	X	h	x
9　(1001)	HT	EM	)	9	I	Y	i	y
A　(1010)	LF	SUB	*	:	J	Z	j	z
B　(1011)	VT	ESC	+	;	K	[	k	{
C　(1100)	FF	FS	,	<	L	\	l	|
D　(1101)	CR	GS	-	=	M	]	m	}
E　(1110)	SO	RS	.	>	N	^	n	~
F　(1111)	SI	US	/	?	O	_	o	DEL

2）国标码

我国于1981年5月颁布的《信息交换用汉字编码字符集　基本集》（GB 2312—1980）是汉字编码的国家标准，称为国标码。一个汉字的国标码用2字节表示，第一字节表示汉字所在的行，第二字节表示汉字所在的列，可对128×128＝16 384个汉字编码，但为了与标准ASCII码兼容，每个字节中都不能再用32个控制功能码和码值为32的空格以及码值为127的操作码，所以每个字节只能有94个编码，也就是只可对94×94＝8 836个汉字编码。

GB 2312—1980代码表共收录了6 763个常用汉字，根据这些汉字使用频率的高低，又将它们分成两部分：一部分称为一级汉字，共3 755个，即最常用的汉字，在代码表中按汉语拼音字母顺序排列，同音则按笔画顺序排列；另一部分称为二级汉字，共3 008个，为次常用的汉字，在代码表中按部首和笔画顺序排列，另外还收录了一些数字符号、图形符号、外文字母等总计7 445个字符。将这7 445个字符按94行×94列排列在一起，组成GB 2312—1980字符集编码表（表1-4给出了GB 2312—1980局部代码表），行与列分别用七位二进制码表示，其值都从0100001到1111110（即每个字节的编码取值范围为十进制数33～126，0～32用于32个控制功能和码值为32的空格编码），其范围对应十六进制数 21～7E。

　　表中的每一个汉字都对应于唯一的行号（称为区号）和列号（称为位号），将区号位号相连就组成该汉字的区位码，将区位码的区号和位号分别由十进制转换成对应的十六进制数，然后加上十六进制数 2020H（H 表示 2020 为十六进制数码），就得到对应的国标码。例如"啊"字的区位码是 1601，分别将区号和位号转换成对应的十六进制数得1001H，再加上 2020H 就得到"啊"字的国标码为 3021H。国标码每个字节的最高位为"0"，一般由十六制数表示。

表 1-4　GB 2312—1980 代码表（局部）

							b_7	0	0	0	0	0	0	0	0
							b_6	1	1	1	1	1	1	1	1
			第				b_5	0	0	0	0	0	0	0	0
			二				b_4	0	0	0	0	0	0	0	0
			字				b_3	0	0	0	1	1	1	1	0
			节				b_2	0	1	1	0	0	1	1	0
							b_1	1	0	1	0	1	0	1	0
第 一 字 节							位 区	1	2	3	4	5	6	7	8
b_7	b_6	b_5	b_4	b_3	b_2	b_1									
			⋮				⋮	⋮	⋮	⋮	⋮	⋮	⋮	⋮	⋮
0	1	1	0	0	0	0	16	啊	阿	埃	挨	哎	唉	哀	皑
0	1	1	0	0	0	1	17	薄	雹	保	堡	饱	宝	抱	报
0	1	1	0	0	1	0	18	病	并	玻	菠	播	拨	钵	波
0	1	1	0	0	1	1	19	场	尝	常	长	偿	肠	厂	敞

　　3）机内码

　　机内码是计算机内表示汉字的基本编码，计算机对汉字进行识别、存储、处理和传输所用的是机内码，机内码也是双字节编码，将国标码两个字节的最高位都置为 1，也就是将十六进制的国标码加上 8080H（8080H 对应的是 1000000010000000），即可转换成汉字的机内码，如"大"字的区位码为 2083，国标码为 3473H，机内码为 3473H + 8080H = B4F3H。将 B4F3H 化为二进制数得 1011010011110011，这就是在计算机中实际使用的机内码的二进制形式。计算机信息处理系统就是根据字符编码的最高位是 1 还是 0 来区分汉字字符和 ASCII 码字符。

　　4）字形码

　　字形码是表示汉字字形信息（汉字的结构、形状、笔画等）的编码，用来实现计算机对汉字的输出（显示或打印）。由于汉字是方块字，因此字形码最常用的表示方式是点阵形式，有 16×16 点阵、24×24 点阵、48×48 点阵等。16×16 点阵的含义为：用 256（16×16 = 256）个点来表示一个汉字的字形信息。每个点有"亮"或"灭"两种状态，用一个二进制数码 1 或 0 来表示。因此，存储一个 16×16 点阵的汉字需要 256 个二进制位，共 32 字节。

任务三　计算机系统组成

任务描述

通常所说的计算机实际上指的是计算机系统，一个完整的计算机系统由硬件系统和软件系统两大部分组成。本任务主要了解硬件系统和软件系统的相关知识。

任务实施

1. 计算机系统组成及层次结构

计算机系统的硬件是软件工作的基础，软件是硬件功能的扩充和完善，两者相辅相成，协同工作，缺一不可；只具有硬件系统，却没有安装任何软件的计算机称为裸机，裸机是不能正常工作的。计算机系统的硬件和软件是按一定的层次关系组织起来的，最内层是计算机的硬件（即裸机），硬件的外层是操作系统，而操作系统的外层是其他软件，最外层是用户程序或文档，如图1-20所示。

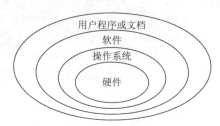

图1-20　计算机系统的层次结构

操作系统是整个层次结构的核心，操作系统向下管理和控制硬件系统，向上支持应用软件的运行，并提供友好的操作平台，用户正是通过操作系统实现计算机使用的，这种层次关系为软件开发、扩充和使用提供了强有力的手段。

2. 计算机的硬件系统

计算机工作原理是：存储程序。这个工作原理是1945年由美籍匈牙利数学家冯·诺依曼最初提出来的。

冯·诺依曼计算机由运算器、控制器、存储器、输入和输出设备5个基本部分组成，它们通过系统总线联系成一体，在控制器指挥下，信息从输入设备传送到存储器存放，需要时可以把它们读出来，由程序控制计算机的操作，计算机按程序预先编排好的顺序逐条执行程序的指令，其间不必人工干预，因而可以实现自动高速运算。此外，只要输入不同的程序和数据，就可以让计算机做不同的工作，即可以通过改变程序来改变计算机的行为。这就是所谓"存储程序控制"的工作方式，也是计算机与其他信息处理机（如计算器、电报机、电话机、电视机等）的根本区别。它们之间的相互关系如图1-21所示，各部件的功能如下。

1）运算器

运算器是计算机中负责数据运算的部件，其核心部件是加法器和寄存器，工作时从内存中读取数据，并在加法器中进行运算，运算后的结果送到寄存器存储，运算器对内存的读写操作是在控制器控制下进行的。

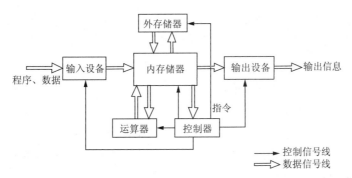

图1-21　计算机工作流程

2）控制器

控制器是计算机的指挥中心，负责从内存中读取指令、翻译指令代码、识别指令要求后将控制信号送达各部件，并控制各部件有条不紊地完成指令所指定的操作。

控制器和运算器都是计算机系统的核心部件，集成在同一块芯片上，称为中央处理器（Center Process Unit，CPU），又称微处理器（见图1-22）。基于CPU是微型计算机的核心，人们习惯用CPU表示微型计算机的规格，如Core i7和AMD Phenom Ⅱ X4、中国龙芯等。

图1-22　CPU

3）存储器

存储器是计算机中可以存储程序和数据的部件，从存储器中取出信息，称为"读"，把信息存入存储器，称为"写"。存储单位一般用B、KB、MB、GB来表示，其中一位二进制数0（或1），为一比特（byte），又称位，它是计算机最小的存储单位；8位为一个字节（B）；1 024 B = 1 KB（千字节），1 024 KB = 1 MB（兆字节），1 GB（吉字节）=1 024 MB。

存储器通常分为内存储器和外存储器，内存储器简称内存（又称主存），与运算器和控制器相连接，可与CPU直接交换信息，主要用来存放当前执行的程序及相关数据，内存由半导体存储器芯片组成，其特点是体积小、耗电低、存取速度快、可靠性好，但内存存储单元造价高，容量比外部存储器小。内部存储器与CPU一起称为计算机的主机。

（1）内存又分为只读存储器（Read Only Memory，ROM）和随机存取存储器（Random Access Memory，RAM）。ROM（见图1-23）中的信息只能"读"不能"写"，主要用来存放一些专用固定的程序、数据和系统配置软件，如磁盘引导程序、自检程序、驱动程序等，由厂家在生产时用专门设备写入，用户无法修改，只能读出使用，计算机断电后，ROM中的信息不会丢失。RAM（见图1-24）既可读又可写，通常说的"内存"一般是指随机存储器，计算机断电后，RAM中的信息立即消失，所以操作过程中要注意信息的保存。由于CPU速度越来越快，而内存的速度提高较慢，以至于CPU在与内存交换数据时不得不等待，影响了整机性能的提高。因此，奔腾以后的微型计算机在RAM和CPU之间设置了一种速度较快、容量较小、造价较高的随机存储器，即高速缓冲存储器（Cache），预先将RAM中的数据存放到Cache中，CPU大部分对RAM的读写操作由对Cache的读、写操作代替，这样可以大大提高计算机的性能。Cache通常集成在CPU内部或主板上，容量可达12 MB。

图1-23　ROM

图1-24　RAM

（2）外存储器简称外存，又称辅助存储器，主要存放大量计算机暂时不执行的程序以及目前尚不需要处理的数据。外存储器不能与CPU直接交换信息，存放在外存储器中的程序及相关数据要先调入内存，才能被CPU使用，所以外存存取速度慢，但造价较低，容量远比内存大。计算机断电后，外存储器的程序和数据仍可保留，适合存储需要长期保存的数据和程序，常见的外存主要有光盘、U盘（见图1-25）、硬磁盘（见图1-26）等。

图1-25　U盘

图1-26　硬磁盘

4）输入/输出设备

输入/输出设备简称I/O设备，是负责计算机信息输入和输出的部分，通过输入设备可将程序、数据、操作命令等输入计算机，计算机通过输出设备可将处理的结果显示或打印出来。计算机最常用的输入设备有键盘、鼠标、扫描仪、数码照相机等，如图1-27所示；最常用的输出设备有显示器、打印机，如图1-28所示。而磁盘既是输入设备又是输出设备。以上所述的计算机硬件系统组成如图1-21所示。

图1-27　鼠标、键盘、扫描仪

图1-28　显示器、打印机

3. 计算机软件的基本概念

计算机软件系统是相对于硬件系统而言的，它是各种程序和文档的总和。为了更好地了解计算机的软件系统，先来了解几个与软件相关的基本概念。

1）指令与指令系统

指令是指示计算机执行某种操作的命令，计算机能实现的操作是由计算机内存储的几十条到上百条基本指令决定的，基本指令的集合构成了计算机的指令系统。从程序设计的角度来说，基本指令和它们的使用规则（语法）构成了这台计算机的机器语言。在没有给指令指定具体的操作数之前，每一条指令相当于机器语言的一个句型。指定具体的操作数地址码之后，一条指令就是机器语言的一个语句。指令都是能被计算机识别并执行的二进制代码，不同类型的计算机，其指令的编码规则是不同的，但一条指令通常由操作码和操作数地址码两部分组成，如图1-29所示。

操作码	操作数地址码

图1-29　指令组成

操作码规定计算机进行何种操作（如取数、加、减、逻辑运算）等。操作数地址码指出参与操作的数据在存储器的哪个地址中，操作的结果存放到哪个地址。一般都有以下几种类型的指令：用于算术和逻辑运算的运算指令、用于取数和存储的传送指令、用于转移和停止执行的控制指令、用于输入和输出的输入/输出指令等。

2）程序

对于机器语言而言，程序是指令的有序集合。也就是说，程序是由有序排列的指令组成的。这里所说的指令，是已经指定具体的操作数地址码的，相当于语句。对于汇编语言和高级语言而言，程序是语句的有序集合。用汇编语言或高级语言编写的程序称为源程序。源程序不能直接被机器执行。用机器语言编写的程序可以由计算机直接执行，称为目标程序。源程序必须经过翻译，转换为目标程序才能被机器执行。可以说，程序是机器语言的指令或汇编语言、高级语言语句的有序集合。分析要求解的问题，得出解决问题的算法，并用计算机的指令或语句编写成可执行的程序，就称为程序设计。

3）程序设计语言

程序设计语言是进行程序设计的工具，是编写程序、表达算法的一种约定。它是人与计算机进行对话（交换信息）的一种手段。程序设计语言是人工语言，相对于自然语言来说，程序设计语言比较简单，但是很严格，没有二义性。程序设计语言一般可分为三大类：机器语言、汇编语言及高级语言。

（1）机器语言。机器语言是以二进制形式的0、1代码串表示的机器指令以及其使用规则的集合。一种机器语言只适用于一类特定的计算机，不能通用。所以机器语言是面向机器的程序设计语言。用机器语言编制程序，计算机可直接执行，运行速度快、执行时间短，但直观性差，不便于阅读理解和记忆，编写程序难度大，容易出错。早期的计算机只能接受机器语言编写的程序。

（2）汇编语言。汇编语言是一种符号语言，它由基本字符集、指令助记符、标号以及一些规则构成。汇编语言的语句与机器语言的指令基本对应，转换规则比较简单。与机器语言相比，汇编语言编写的程序较好阅读和理解，容易记忆，编程速度大大提高，出错少。但汇编语言仍为面向机器的语言，不具有通用性。汇编语言编写的程序要由汇编程序"翻译"成机器语言程序才能被计算机执行。

（3）高级语言。高级语言是一种接近于人们自然语言的程序设计语言。程序中所用的运算符号与运算式都接近于数学采用的符号和算式。它不再局限于计算机的具体结构与指令系统，而是面向问题处理过程，是通用性很强的语言。高级语言比汇编语言更容易阅读和理解，语句的功能更强，编写程序的效率更高。但是执行的效率则不如机器语言。高级语言编写的程序也要由编译程序或解释程序"翻译"成机器语言程序才能被计算机执行。

高级语言主要有DOS平台常用的高级语言（BASIC、Fortran、Pascal、C、FoxBASE）等；Windows平台常用的高级语言（Visual Basic、Visual C、Visual FoxPro、Java）等。

4. 计算机软件系统

计算机软件系统是为运行、维护、管理、应用计算机所编制的所有程序和支持文档的总和，它分为系统软件及应用软件两大类。应用软件必须在系统软件的支持下才能运行，没有系统软件，计算机无法运行；有系统软件而没有应用软件，计算机就无法解决实际问题。

1）系统软件

系统软件是运行、管理、维护计算机必备的最基本的软件，一般由计算机生产厂商提供，它主要包括操作系统、语言处理程序、实用程序3种。

（1）操作系统。操作系统是控制与管理计算机硬件与软件资源，合理组织计算机工作流程以及提供人机界面供用户使用计算机的程序的集合。操作系统的主要功能是：处理器管理、存储管理、文件管理、设备管理。常用的有Windows10、UNIX、Linux等。

（2）语言处理程序。计算机只能识别机器语言，而不能识别汇编语言与高级语言。因此，用汇编语言与高级语言编写的程序必须"翻译"为机器语言才能为计算机接受和处理，这个"翻译"工作是由语言处理程序来完成的。语言处理程序分为汇编程序、解释程序和编译程序3种，3种语言处理程序的处理过程如图1-30所示。

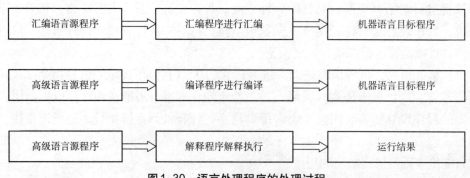

图1-30　语言处理程序的处理过程

汇编程序是将汇编语言编写的源程序翻译为目标程序的翻译程序；解释程序是将高级语言书写的源程序按动态执行的顺序逐句翻译处理的程序，翻译一句，执行一句，直到程序执行完毕，这种语言处理方式称为"解释方式"，相当于口译；编译程序是将高级语言书写的源程序整个翻译为目标程序的程序，这种语言处理方式称为"编译方式"，相当于笔译。

（3）实用程序。实用程序又称支撑软件，是机器维护、软件开发所必需的软件工具。它主要包括：编辑程序（软件维护、开发的基本工具）、连接装配程序、调试程序、诊断程序。

2）应用软件

应用软件是为解决各类应用的专门问题而开发的，用户要解决的问题不同，需要使用的应用软件也不同。大体可分为：

（1）用户程序是面向特定用户，为解决特定的具体问题而开发的软件。

（2）应用软件包是为了实现某种功能或专门计算而精心设计的结构严密的独立程序的集合。它们是为具有同类应用的许多用户提供的软件，软件包种类繁多，每个应用计算机的行业都有适合于本行业的软件包，如计算机辅助设计软件包、辅助教学软件包、财会管理软件包等。

（3）通用应用工具软件用于开发应用软件所共同使用的基本软件，其中特别重要的是数据库管理系统，还有常用的文字处理 Word 2016、电子表格 Excel 2016 、演示文稿 PowerPoint 2016 等软件。

5．计算机的主要性能指标

一台计算机的性能如何，一般可参考以面主要指标。

1）主频

主频即计算机CPU的时钟频率，是CPU在单位时间内的平均操作次数。在很大程度上，主频决定了计算机的运算速度。主频的单位是兆赫兹（MHz）。例如，Pentium 3 的主频为 450～1 000 MHz，Pentium 4 的主频可达 3.4 GHz 等。

2）基本字长

"字"是计算机一次存取、处理和传送的数据长度，是计算机处理信息的基本单位，一个字由若干个字节组成，通常情况下将组成字的位数称为字长，一般计算机的基本字长有16位、32位、64位等。

基本字长越长，操作数的位数越多，计算精度也就越高，但相应部件如CPU、主存储器、总线和寄存器等的位数也要增多，使硬件成本也随着增高。基本字长也反映了指令的信息位的长度和寻址空间的大小。16位字长的处理器其物理寻址空间是64 KB，32位处理器的寻址空间是4 GB。足够的信息位长度能保证指令的处理能力。

为了较好地协调计算精度与硬件成本的制约关系，大多数计算机允许采用变字长运算，即允许硬件实现以字节为单位的运算、基本字长（如16位）运算及双字长（如32位）运算，并通过软件实现多字长（如64位）运算。

3）内存容量

一般来说，内存容量越大，系统性能越高。类型为DDR4的单条容量是8 GB。

习 题

一、填空题

1. 下列关于计算机应用领域的说法中，错误的是（　　　）。

    A. 办公自动化属于计算机应用领域中的"数据处理"

    B. 机器人技术属于计算机应用领域的"人工智能"

    C. 工厂炉温控制属于计算机应用领域的"过程控制"

    D. CAD属于计算机应用领域中的"科学计算"

2. 以下说法，不正确的是（　　　）。

    A. 巨型机是指体积巨大、通用性好、价格昂贵的计算机

    B. 大型机是指具有较高运算速度、较大存储容量的计算机

    C. 微型机是指以微处理器为核心，加上存储器、输入输出接口和系统总线构成的计算机

    D. 如果在一块芯片中包含了微处理器、存储器和接口等微型计算机最基本的配置，则这种芯片称为单片机

3. 对财务数据进行分类、统计、检索，此时计算机的用途表现为（　　　）。

    A. 科学计算　　　　　　　　　　B. 实时控制

    C. 计算机辅助设计　　　　　　　D. 数据处理

4. CAI的含义是（　　　）。

    A. 计算机辅助设计　　　　　　　B. 计算机辅助教学

    C. 计算机辅助制造　　　　　　　D. 计算机辅助测试

5. 计算机有多种技术指标，而决定计算机的计算精度的则是（　　　）。

    A. 运算速度　　　　　　　　　　B. 字长

    C. 存储容量　　　　　　　　　　D. 进位数制

6. 按电子计算机传统的分代方法，第一代至第四代计算机依次是（　　　）。

    A. 机械计算机，电子管计算机，晶体管计算机，集成电路计算机

    B. 晶体管计算机，集成电路计算机，大规模集成电路计算机，光器件计算机

    C. 电子管计算机，晶体管计算机，小、中规模集成电路计算机，大规模和超大规模集成电路计算机

    D. 手摇机械计算机，电动机械计算机，电子管计算机，晶体管计算机

7. 键盘上的【Ctrl】键、【Shift】键、【Alt】键分别被称为（　　　）。

    A. 控制键、上档键、替换键

B. 控制键、替换键、上档键

C. 替换键、控制键、上档键

D. 上档键、替换键、控制键

8. 关于键盘，以下说法中错误的是（　　　）。

A. 要敲出%，必须先按住【Ctrl】键，再按下【5】键

B.【Insert】键可用于字符的插入操作

C.【CapsLock】键用于字母的大小写切换

D.【Esc】键位于键盘的左上角

9. 冯·诺依曼型体系结构的计算机硬件系统的五大部件是（　　　）。

A. 输入设备、运算器、控制器、存储器、输出设备

B. 键盘和显示器、运算器、控制器、存储器和电源设备

C. 输入设备、中央处理器、硬盘、存储器和输出设备

D. 键盘、主机、显示器、硬盘和打印机

10. 当代微型机中所采用的电子元件器是（　　　）。

A. 电子管 　　　　　　　　　　B. 晶体管

C. 小规模集成电路 　　　　　　D. 大规模和超大规模集成电路

11. 下列说法中，正确的是（　　　）。

A. 同一个汉字的输入码的长度随输入方法不同而不同

B. 一个汉字的机内码与它的国标码长度是相同的，且均为2字节

C. 不同汉字的机内码的长度是不同的

D. 同一个汉字用不同的输入法输入时，其机内码是不同的

12. 下列存储器中存储速度最快的是（　　　）。

A. 内存 　　　　B. 硬盘 　　　　C. 光盘 　　　　D. U盘

13. 在微机的硬件设备中，有种设备在程序设计中既可以当作输出设备，又可以当作输入设备，这种设备是（　　　）。

A. 网络摄像头 　　　　　　　　B. 手写笔

C. 磁盘驱动器 　　　　　　　　D. 绘图仪

14. 中央处理器（CPU）主要由（　　　）组成。

A. 控制器和内存 　　　　　　　B. 运算器和控制器

C. 控制器和寄存器 　　　　　　D. 运算器和内存

15. 下列各组设备中，完全属于外围设备的一组是（　　　）。

A. CPU、硬盘和打印机 　　　　B. CPU、内存和U盘

C. 内存、显示器和键盘 　　　　D. 硬盘、光盘和键盘

16. 个人计算机属于（　　　）。

A. 小型计算机 　　　　　　　　B. 巨型计算机

C. 大型主机 　　　　　　　　　D. 微型计算机

17. 微型计算机主机的主要组成部分是（　　　）。

　　A. 运算器和控制器　　　　　　　　B. CPU和内存储器

　　C. CPU和硬盘存储器　　　　　　　D. CPU、内存储器和硬盘

18. 操作系统是计算机的软件系统中（　　　）。

　　A. 最常用的应用软件　　　　　　　B. 最核心的系统软件

　　C. 最通用的专用软件　　　　　　　D. 最流行的通用软件

19. 在微机系统中，麦克风属于（　　　）。

　　A. 输入设备　　　B. 输出设备　　　C. 放大设备　　　D. 播放设备

20. 下列关于CPU的叙述中，正确的是（　　　）。

　　A. CPU能直接读取硬盘上的数据

　　B. CPU能直接与内存储器交换数据

　　C. CPU主要组成部分是存储器和控制器

　　D. CPU主要是用来执行算术运算

21. 组成一个计算机系统的两大部分是（　　　）。

　　A. 系统软件和应用软件　　　　　　B. 主机和外围设备

　　C. 硬件系统和软件系统　　　　　　D. 主机和输入/出设备

22. 下列软件中，属于应用软件的是（　　　）。

　　A. Windows 10　　　　　　　　　　B. PowerPoint 2016

　　C. UNIX　　　　　　　　　　　　　D. Linux

23. 下列叙述中，正确的是（　　　）。

　　A. 内存中存放的是当前正在执行的应用程序和所需的数据

　　B. 内存中存放的是当前暂时不用的程序和数据

　　C. 外存中存放的是当前正在执行的应用程序和所需的数据

　　D. 内存中只能存放指令

24. 下列叙述中，正确的是（　　　）。

　　A. 用高级程序语言编写的程序称为源程序

　　B. 计算机能直接识别并执行用汇编语言编写的程序

　　C. 机器语言编写的程序执行率最低

　　D. 高级语言编写的程序的可移植性最差

25. 下列叙述中，错误的是（　　　）。

　　A. 硬盘在主机箱内，它是主机的组成部分

　　B. 硬盘属于外部存储器

　　C. 硬盘驱动器既可做输入设备又可做输出设备用

　　D. 硬盘与CPU之间不能直接交换数据

26. 当电源关闭后，下列关于存储器的说法中，正确的是（　　　）。

　　A. 存储在RAM中的数据不会丢失

  B. 存储在 ROM 中的数据不会丢失

  C. 存储在 U 盘中的数据会全部丢失

  D. 存储在移动硬盘中的数据会丢失

27. 下列各组设备中，全部属于输入设备的一组是（　　　　）。

  A. 键盘、磁盘和打印机　　　　　　　　B. 键盘、扫描仪和鼠标

  C. 键盘、鼠标和显示器　　　　　　　　D. 硬盘、打印机和键盘

28. 如果键盘上的（　　　　）指示灯亮着，表示此时输入英文的大写字母 A。

  A. Caps Lock　　　　B. Num Lock　　　　C. Scroll Lock　　　　D. 以上答案都不对

29. 下列选项中，不属于显示器主要技术指标的是（　　　　）。

  A. 重量　　　　　　　　　　　　　　　B. 分辨率

  C. 像素的点距　　　　　　　　　　　　D. 显示器的尺寸

30. 微型计算机外存储器是指（　　　　）。

  A. RAM　　　　　　B. ROM　　　　　　C. 硬盘　　　　　　D. 虚盘

31. 把存储在硬盘上的程序传送到指定的内存区域中，这种操作称为（　　　　）。

  A. 输出　　　　　　B. 写盘　　　　　　C. 输入　　　　　　D. 读盘

32. 计算机能直接识别、执行的语言是（　　　　）。

  A. 机器语言　　　　B. 汇编语言　　　　C. 高级程序语言　　　D. C 语言

33. 用户可用内存通常是指（　　　　）。

  A. RAM　　　　　　B. ROM　　　　　　C. CACHE　　　　　D. CD-ROM

34. 任何程序都必须加载到（　　　　）中才能被 CPU 执行。

  A. 磁盘　　　　　　B. 硬盘　　　　　　C. 内存　　　　　　D. 外存

35. 1 GB 的标准值是（　　　　）。

  A. 1 024 × 1 024 byte　　　　　　　　　B. 1 024 KB

  C. 1 024 MB　　　　　　　　　　　　　D. 1 000 × 1 000 KB

36. 数据在计算机内部传送、处理和存储时，采用的数制是（　　　　）。

  A. 十进制　　　　　B. 二进制　　　　　C. 八进制　　　　　D. 十六进制

37. 十进制数 121 转换成二进制整数是（　　　　）。

  A. 1111001　　　　B. 111001　　　　　C. 1001111　　　　　D. 100111

38. 一个汉字的机内码长度为 2 字节，其每个字节的最高二进制位的值分为（　　　　）。

  A. 0，0　　　　　　B. 1，1　　　　　　C. 1，0　　　　　　D. 0，1

39. 在下列字符阵中，其 ASCII 码值最大的一个是（　　　　）。

  A. Z　　　　　　　　B. 9　　　　　　　C. 空格字符　　　　D. a

40. 二进制数 1100100 等于十进制数（　　　　）。

  A. 96　　　　　　　B. 100　　　　　　C. 104　　　　　　D. 112

二、判断题

1. 利用计算机预测天气情况属于计算机应用领域中的过程控制。　　　（　　）

2. 用计算机进行文字编辑处理是计算机信息处理方面的应用。　　　　（　　）

3. CD-ROM 是一种只读存储器但不是内存储器。　　　　　　　　　（　　）

4. 位（bit）是表示存储容量的基本单位。　　　　　　　　　　　　（　　）

5. CAM 是计算机辅助教学。　　　　　　　　　　　　　　　　　（　　）

6. 在微型计算机内部，对汉字进行传输、处理和存储时使用汉字的国标码。（　　）

7. ROM 中的信息是由计算机制造厂预先写入的。　　　　　　　　　（　　）

8. 计算机硬件主要包括：主机、键盘、显示器、鼠标器和打印机五大部件。（　　）

9. UNIX 是一种操作系统。　　　　　　　　　　　　　　　　　　（　　）

10. 随机存取存储器（RAM）的最大特点是：一旦断电，存储在其上的信息将全部消失，且无法恢复。　　　　　　　　　　　　　　　　　　　　　　　（　　）

项目二

Windows 10 操作系统及应用

操作系统是计算机最基本的系统软件，是计算机正常使用的根本保证，不同的操作系统对计算机的操作要求是不一样的，目前主流的操作系统是微软公司的 Windows 10。

学习目标

（1）了解 Windows 10 操作系统，并掌握 Windows 10 操作系统基本操作。

（2）掌握 Windows 10 操作系统有关工具软件的使用。

任务一　认识 Windows 10 操作系统的桌面

视频

认识 Windows 10 操作系统的桌面

任务描述

Windows 10 系统启动后看到的屏幕称为"桌面"，桌面是 Windows 10 操作系统的主控窗口。如图 2-1 所示。桌面由桌面背景、桌面图标和任务栏组成。

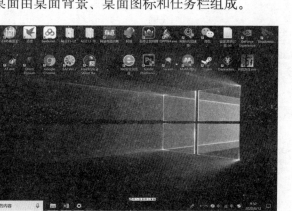

图 2-1　Windows 10 的桌面

桌面背景是 Windows 10 的背景图片，用户可以根据个人喜好进行设置。桌面图标一般由文字和图片组成，代表某些应用程序或文件，新安装的系统只有一个【回收站】图标。任务栏是位于桌面最底部的长条区域，由"开始"菜单、搜索框、快速启动区、任务视图、语言栏、通知区和"显示桌面"按钮组成。

任务实施

1. 更换桌面背景

（1）右击桌面的空白处，在弹出的快捷菜单中选择"个性化"命令，如图 2-2 所示。

（2）打开"个性化"窗口，选择"背景"选项，在其右侧区域选择一张图片，即可更换桌面背景，如图 2-3 所示。

图2-2 选择"个性化"   图2-3 设置背景

2. 在桌面上增加"计算机"和"控制面板"图标

（1）右击桌面空白处，在弹出的快捷菜单中选择"个性化"，选择"主题"选项，单击右侧的"桌面图标设置"链接，如图 2-4 所示。

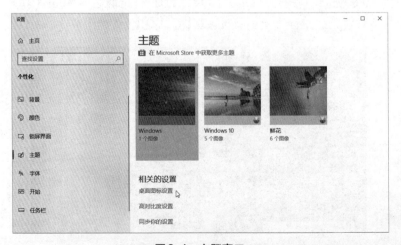

图2-4 主题窗口

（2）然后在弹出的"桌面图标设置"对话框中勾选"计算机"和"控制面板"选项，如图2-5所示，最后单击"确定"按钮。

图2-5 "桌面图标设置"对话框

（3）桌面上增加了"计算机"和"控制面板"图标，如图2-6所示。

图2-6 Windows 10桌面添加"计算机""控制面板"图标

3. "开始"菜单

单击屏幕左下角的"开始"按钮，或按【Windows】键，即可打开"开始"菜单，如图2-7所示。"开始"菜单中间为按照字母索引排序的应用程序列表，通过字母索引可以快速查找应用程序；左下角为用户账户头像、"文档"按钮、"设置"按钮和"电源"按钮；右侧则为"开始"屏幕，可将应用程序固定在其中，这些方块图形称为动态磁贴，其功能和快捷方式类似，但不仅限于打开应用程序，有些动态磁贴随时更新显示的信息，如日历应用，在动态磁贴中即时显示当前的日期信息，无须打开应用程序进行查看。因此，动态磁贴能非常方便地呈现用户所需要的信息。

图2-7 Windows 10"开始"菜单

在"开始"菜单中，应用程序以名称中的首字母或拼音升序排列，单击排列字母可显示排序索引，如图2-8所示，通过字母索引可以快速查找应用程序。

图2-8 应用列表索引

"开始"菜单有两种显示方式，分别是默认的非全屏模式（桌面模式）和全屏模式（平板模式）。如果要全屏显示"开始"菜单，则可以单击任务栏右下角的"通知中心"，打开"操作中心"窗格，单击"平板模式"按钮，如图2-9所示，桌面模式切换成平板模式，如图2-10所示。平板模式以全屏显示尺寸显示开始屏幕，在该模式下打开的程序窗口会最大化显示，同时会隐藏任务栏的大部分图标，只保留"开始""搜索""任务视图"和"上一步"。

图2-9 操作中心

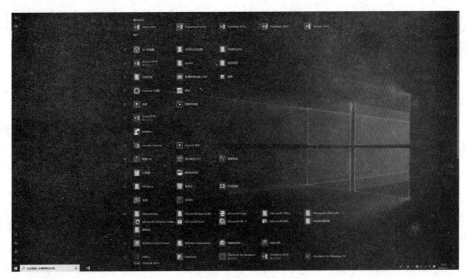

图2-10 平板模式

4. 设置任务栏

任务栏中固定了一些常用的应用程序图标，用户利用任务栏可以快速启动和切换应用程序。用户可以选择在任务栏上固定哪些图标，或者从任务栏中移除不常用的程序图标。

如将"计算器"固定于任务栏。单击"开始"菜单，右击"计算器"程序，在快捷菜单中选择"更多"→"固定到任务栏"命令，如图2-11所示。

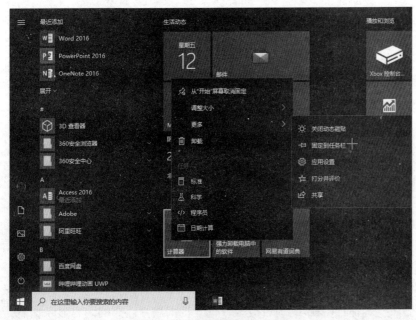

图2-11 "固定到任务栏"命令

任务二　认识和操作窗口

任务描述

在Windows 10操作系统中，每当运行应用程序或者打开文档时，在桌面上呈现出的矩形区域称为窗口，窗口中提供完成各种操作的命令选项，选择相应的命令选项并借助对话框即可完成相应的操作。所以窗口是Windows 10操作系统的基本操作。

任务实施

1. 窗口的组成

如图2-12所示是"此电脑"窗口，该窗口由标题栏、功能区、地址栏、搜索框、导航窗格、内容窗口和状态栏构成。

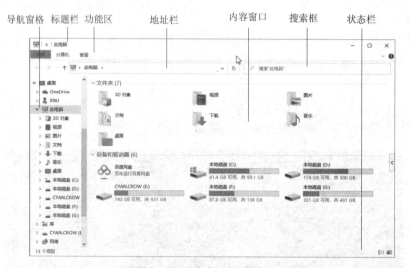

图2-12　"此电脑"窗口

标题栏：位于窗口最上方，显示当前目录位置。最右侧分别为"最小化""最大化/还原""关闭"3个按钮。

功能区：包含当前窗口一些常用操作命令选工页。

地址栏：反映了现在所在目录的路径。

搜索框：输入关键字，可以快速查找当前目录中的相关文件和文件夹。导航窗格：显示本机中包含的具体位置，可以通过它快速访问相应目录。

内容窗口：显示当前目录的内容。

状态栏：显示当前目录中的项目数量，也会根据用户选择的内容显示信息。

2. 打开窗口

鼠标双击应用程序图标即可打开应用程序窗口。

3. 关闭窗口

通常可以通过单击窗口右上角的"关闭"按钮来关闭窗口。

4. 调整窗口大小

将鼠标指针依次移动到窗口的下边框、右边框或右下角，此时鼠标指针变成双箭头形状。按住鼠标左键不放，拖动窗口到合适的大小放开即可；另外，也可以利用窗口右上角的"最小化"或"最大化"按钮来调整窗口大小。

5. 移动窗口

将鼠标指针放在需要移动位置的窗口的标题栏上，按住鼠标左键不放，拖动到需要的位置，松开鼠标左键，即可完成窗口位置的移动。

视频 •·······

管理文件与文件夹

任务三　管理文件与文件夹

任务描述

在计算机系统中，信息是以文件的形式来处理和管理的，所谓文件是指一组相关信息的集合，本任务基本要求就是掌握文件或文件夹的创建、选定、删除、打开、重命名、移动、查找等操作。

任务实施

1. 浏览文件及文件夹

浏览方法有两种：

双击打开"此电脑"窗口，利用它的主界面和导航窗格，可以直接浏览硬盘中的文件及文件夹。右击"开始"按钮，在"开始"菜单中选择"文件资源管理器"，打开"文件资源管理器"窗口，如图2-13所示，也可以浏览计算机中的文件及文件夹。

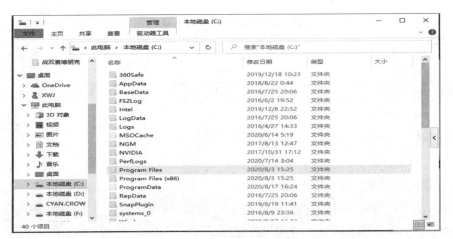

图2-13　"文件资源管理器"窗口

2. 创建文件及文件夹

在计算机系统中，信息的处理和管理都是以文件形式进行的，因此，在处理和管理信息时需要先建立文件，文件建立时必须有文件名，文件名是由文件主名和扩展名构成的，中间用"."来分隔。除了<>/\|:"*?不能用作文件的命名字符外，其他字符都可以。

例如：在D盘下新建一个名为"学生个人资料"的文件夹，并在"学生个人资料"文件夹下新建一个名为"基本资料"文本文档。操作如下：

打开"此电脑"窗口，选择D盘，在窗口的"主页"选项卡中单击工具栏上的"新建文件夹"按钮，输入新文件夹的名称"学生个人资料"，然后按【Enter】键，如图2-14所示。打开"学生个人资料"文件夹，右击空白区域，在快捷菜单中选择"新建"→"文本文档"命令，如图2-15所示，输入新文件的名称"基本资料"，然后按【Enter】键。

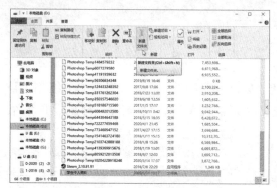

图2-14　新建文件夹　　　　　　　　　图2-15　文件夹快捷菜单

1）文件扩展名的含义及显示

在"查看"选项卡中勾选"文件扩展名"选项，即可显示文件扩展名。文件扩展名是文件名的重要组成部分，一般是由特定的字符组成，表示特定的含义，用户可以从扩展名直接区别文件的类型或格式，表2-1中列出了一些常用的文件类型。

表2-1　常用扩展名及文件类型

扩 展 名	文 件 类 型	扩 展 名	文 件 类 型
.txt、.doc、.docx、.wps、.rtf	文本文件	.htm、.html	超文本文件
.wav、.mid、.mp3、.wma	音频文件	.xls、.xlsx	电子表格文件
.bmp、.gif、.jpeg、.png	图像文件	.obj	目标代码文件
.avi、.swf、.mp4、.mov、.wmv	视频文件	.drv	设备驱动程序文件
.rar、.zip、.jar	压缩文件	.exe、.com、.bat	可执行文件

2）改变文件和文件夹的显示方式

单击"查看"选项卡可以轮流切换图标的8种显示方式：超大图标、大图标、中等图标、小图标、列表、详细信息、平铺和内容，如图2-16所示。一般用"详细信息"查看。

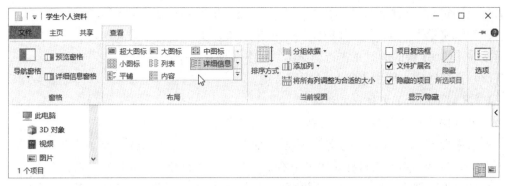

图2-16 图标显示方式

3）改变文件和文件夹的排序方式

单击"查看"选项卡的"排序方式"按钮，在下拉列表中可以选择"名称""修改日期""类型""大小"等排序方式，针对每种排序方式，还可以选择"递增"或"递减"规律，如图2-17所示。

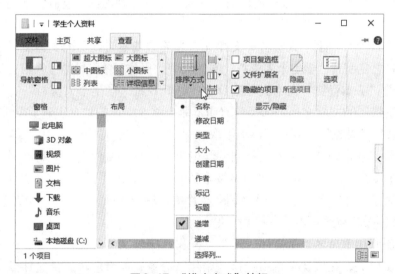

图2-17 "排序方式"按钮

3. 选定文件或文件夹

选定指定的文件或文件夹是对文件或文件夹进行操作的前提。选择单独的文件或文件夹的方法就是单击需要选择的文件或文件夹；选择多个连续文件，先单击第一项，按住【Shift】键的同时单击最后一项（也可以用鼠标拖动框选）；选择多个不连续文件，先单击第一项，按住【Ctrl】键的同时单击要选择的其他项；全部选定则使用【Ctrl＋A】组合键。取消选择，在空白处单击即可。

例如：在D盘完成如下选定：选定前3个文件（或文件夹），选定第1、第3个文件（或文件夹），选定全部文件或文件夹。操作如下：

（1）选定前3个文件或文件夹：打开"此电脑"窗口，选择D盘，在右窗口中单击选择第1个文件（或文件夹），然后按住【Shift】键的同时单击选择第3个文件（或文件夹）。

（2）选定第1、第3个文件或文件夹：在右窗口中单击选择第1个文件（或文件夹），然后按住【Ctrl】键的同时单击选择第3个文件（或文件夹）。

（3）全部选定：使用【Ctrl＋A】组合键。

4. 复制（移动）文件或文件夹

复制（移动）是文件管理常见操作。方法有3种：

● 选中要复制（移动）的文件或文件夹并右击，在弹出的快捷菜单中选择"复制"（"剪切"）命令，然后在目标文件夹中右击，在弹出的快捷菜单中选择"粘贴"命令。

● 选中要复制（移动）的文件或文件夹，使用【Ctrl＋C】或【Ctrl＋X】组合键进行复制（剪切）操作，再用【Ctrl＋V】组合键进行"粘贴"操作。

● 选中要复制（移动）的文件或文件夹，单击"主页"选项卡中的"复制到"或"移动到"下拉按钮，选择要复制（移动）到的目标文件夹。

另外【PrintScreen】可以将屏幕上的整个画面图像复制到剪贴板上，【Alt＋PrintScreen】组合键可以把屏幕上当前窗口（或对话框）画面图像复制到剪贴板上。剪贴板是内存的一块区间。

例如：将D盘"学生个人资料"文件夹下名为"基本资料"的文本文档先移动到D盘，然后再将之复制到"学生个人资料"文件夹中。操作如下：

（1）移动"基本资料"文本文档到D盘：打开D盘"学生个人资料"文件夹，选定名为"基本资料"的文本文档，选择"剪切"命令将要交换的信息送到剪贴板临时保存，回到D盘后选择"粘贴"命令到剪贴板读取。

（2）复制"基本资料"文本文档到"学生个人资料"文件夹：在D盘选定名为"基本资料"文本文档，选择"复制"（或者按【Ctrl＋C】组合键）命令将要交换的信息送到剪贴板临时保存，再打开"学生个人资料"文件夹，然后选择"粘贴"命令到剪贴板读取。

5. 删除、还原和重命名文件或文件夹

删除、还原和重命名也是文件管理常见操作，删除文件或文件夹有多种方法：可以右击文件或文件夹，在快捷菜单中选择"删除"命令，或者通过选择文件或文件夹并按【Delete】键的方式将其删除。从硬盘中删除文件或文件夹时，不会立即将其删除，而是将其放置在回收站中，直到在回收站中再次删除或清空回收站为止。

回收站中的文件或文件夹，如果需要可以还原，恢复的方法是：打开"回收站"窗口，选择要还原的文件或文件夹，然后在"回收站工具/管理"选项卡"还原"组中单击"还原选定的项目"按钮。若要还原回收站中所有文件和文件夹，则不需选定任何文件或文件夹，在工具栏上单击"还原所有项目"按钮，便可将其将还原到它们在计算机上的原始位置。另外，删除文件时按【Shift＋Delete】组合键不是先将其移至"回收站"，而是永久删除。在可移动磁盘中删除文件也不经"回收站"，而是永久删除。

文件或文件夹的重命名可以通过右击需要重命名的文件或文件夹，在弹出的快捷菜单中选择"重命名"命令，此时文件或文件夹图标上的名称框进入可编辑状态，输入新的名字后按【Enter】键即可。或者用鼠标连续单击文件或文件夹图标两次，此时其名称框会转为可编辑状态，也可以完成重命名操作。

例如：将D盘名为"基本资料"的文本文档删除，然后再还原到D盘，将之重命名为"学生基本资料"。操作如下：

(1) 删除"基本资料"文本文档：打开D盘，右击"基本资料"文本文档，在快捷菜单中选择"删除"命令。

(2) 还原"基本资料"文本文档到D盘：打开"回收站"窗口，选择"基本资料"文本文档，然后在"回收站工具/管理"选项卡"还原"组中单击"还原选定的项目"按钮。右击D盘中的"基本资料"文本文档，在快捷菜单中选择"重命名"命令，在名称框中输入新的文件名"学生基本资料"后按【Enter】键。

6. 查看和修改文件或文件夹的属性

文件或文件夹都有其自身的属性，右击文件或文件夹，在快捷菜单中选择"属性"命令，打开"属性"对话框，即可查看并设置文件的常规、安全、详细信息等方面的属性，如图2-18所示。其中，只读属性表示文件只能读取不能写入，可以防止文件被修改；隐藏属性表示文件被隐藏起来，而不显示在桌面、文件夹或资源管理器中。文件夹的"属性"对话框与文件的"属性"对话框基本类似，如图2-19所示，通过"共享"选项卡可以设置文件夹的共享方式。

图2-18 文件的"属性"对话框

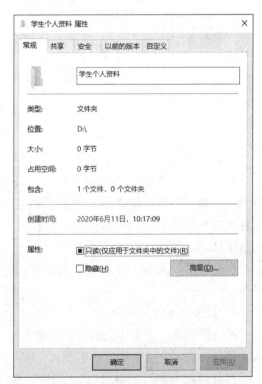

图2-19 文件夹的"属性"对话框

例如：将D盘中名为"学生基本资料"\"基本资料"文本文档的属性改为"只读""隐藏"。操作如下：

打开D盘中名为"学生个人资料"的文件夹，右击文件夹中的"基本资料"文本文档，在快捷菜单中选择"属性"命令，在"基本资料.txt属性"对话框的"常规"选项卡中，选择"只读"和"隐藏"复选框，单击"确定"按钮。

7. 隐藏与显示文件或文件夹

隐藏文件或文件夹的方法：右击需要隐藏的文件或文件夹，在弹出的快捷菜单中选择"属性"命令，勾选"隐藏"复选框，单击"确定"按钮，弹出"确认属性更改"对话框，一般选择默认选项，单击"确定"按钮，如图2-20所示。

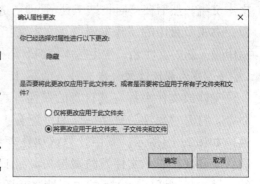

取消隐藏文件或文件夹的方法：在"查看"选项卡勾选或取消选择"隐藏的项目"复选框，即可显示或隐藏文件，如图2-21所示；也可以右击隐藏文件，在弹出的快捷菜单中选择"属性"命令，在"属性"对话框中取消勾选"隐藏"复选框，单击"确定"按钮。

图2-20 "确认属性更改"对话框

图2-21 "查看"选项卡

例如：隐藏和显示D盘中的"学生个人资料"文本夹。操作如下：

打开D盘，选择名为"学生个人资料"文件夹并右击，在快捷菜单中选择"属性"命令，勾选"隐藏"复选框，单击"确定"按钮，确定"确认属性更改"对话框，此时文件夹图标颜色变淡，再取消选择"查看"选项卡"隐藏的项目"复选框，此时文件夹图标不见了。

在"查看"选项卡勾选"隐藏的项目"复选框，又可显示出被隐藏的"学生个人资料"文件夹。

8. 搜索文件或文件夹

系统提供文件或文件夹的搜索功能。

例如：搜索D盘中的"学生个人资料"\"基本资料"文本文档。操作如下：

打开"此电脑"，选择D盘，在搜索框内输入"基本资料"，搜索到的文件会以黄色加亮显示，如图2-22所示。

图 2-22 文件搜索窗口

9. "画图"软件的使用

"画图"是系统内置的可用于绘制 2D、3D 形状的软件，启动后可选择"画笔""2D 形状""3D 形状""贴纸"进行画图，如图 2-23 所示。

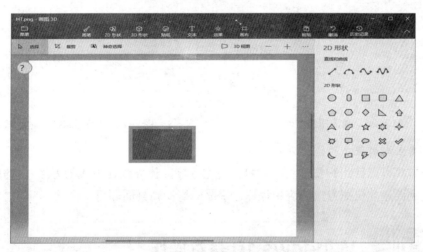

图 2-23 "画图"窗口

例如：利用"画图"软件画一个填充色为红色、边框线为绿色的矩形，并将其保存到 D:\"学生个人资料"，取名为 HT.png。操作如下：

选择"开始"→"画图 3D"命令，启动画图软件。单击"2D 形状"选项卡，选择"正方形"工具，拖动鼠标在绘图区域画出一个任意大小的矩形。单击"填充"→"颜色"→"红色"，单击"线型"→"颜色"→"绿色"。选择"菜单"→"保存"命令。弹出"另存为"对话框，选定存储位置为 D:\"学生个人资料"，文件名为 HT.png，保存类型为 PNG(*.png)，然后单击"保存"按钮。

10. 压缩文件

系统内置有压缩软件，可以选择"速度最快""体积最小"和"自定义"进行压缩。右击文件并在快捷菜单中选择"添加到压缩文件…"命令可以压缩文件，在压缩文件上右击，并选择"解压到…"可以解压文件。

例如：利用压缩软件压缩D盘下"学生个人资料"的HT.png文件，然后解压到D盘。操作如下：

压缩HT.png文件：打开D盘的"学生个人资料"文件夹，右击选定HT.png文件，并在快捷菜单中选择"添加到压缩文件…"命令，在打开的对话框中选择参数，如图2-24所示，然后单击"立即压缩"按钮。

解压HT.png文件到D盘：打开D盘的"学生个人资料"文件夹，右击压缩文件HT.png，并在快捷菜单中选择"解压到…"命令，弹出"目标路径"对话框，如图2-25所示，在"目标路径"处选择解压缩后的文件将被存放的路径D:\，单击"立即解压"按钮。

图2-24　创建压缩文件

图2-25　"目标路径"对话框

11. 建立应用程序的快捷方式

快捷方式可以让用户快速找到和打开应用程序。建立快捷方式的方法：打开"开始"菜单，找到要建立快捷方式的应用程序，用鼠标拖动到桌面即可。

‥‥‥‥‥‥‥ 视频

Windows 10
基本操作

实　训　Windows 10 基本操作

一、实训目的

（1）熟练掌握Windows 10的启动和退出。

（2）掌握文件（夹）的建立、打开、选定、复制、移动、删除和重命名。

（3）掌握压缩和解压缩文件（夹）。

（4）掌握回收站的使用、掌握文件（夹）属性的设置。

二、实训内容

（1）启动Windows 10操作系统。

（2）在D盘建立名为"学号姓名"的学生文件夹。

（3）将C盘 WINDOWS\zh-CN文件夹中的所有文件复制到学生文件夹中。

（4）在学生文件夹中新建一个名为WIN1的文件夹，将学生文件夹中所有文件（不包括文件夹）移动到WIN1文件夹中。

（5）在WIN1文件夹中新建一个名为XM.txt的文本文档，内容为"学生姓名：王红"。

（6）将XM.txt重命名为XS.txt。

（7）在学生文件夹中利用"画图"程序建立一个名为TU1.png的文件，内容为填充色为红色的椭圆，并将其压缩为TU1.zip文件。

（8）将TU1. zip文件解压缩到WIN1文件夹中。

（9）删除学生文件夹中的TU1. png文件，并将TU1. zip文件属性改为只读。

三、实训步骤提示

（1）启动Windows 10操作系统。

① 打开显示器电源开关。

② 打开主机电源开关。

③ 等待数秒后，屏幕出现Windows 10的桌面，表示启动成功。

（2）在D盘建立名为"学号姓名"的学生文件夹。

打开"此电脑"窗口，选择D盘，单击"主页"→"新建"→"新建文件夹"按钮，输入新文件夹的名称"学号姓名"，然后按【Enter】键。

（3）将C盘 WINDOWS\zh-CN文件夹中的所有文件复制到学生文件夹中。

① 打开C: WINDOWS\zh-CN文件夹。

② 选择"主页"→"选择"→"全部选择"命令，或按【Ctrl + A】组合键，选定所有文件，如图2-26所示。

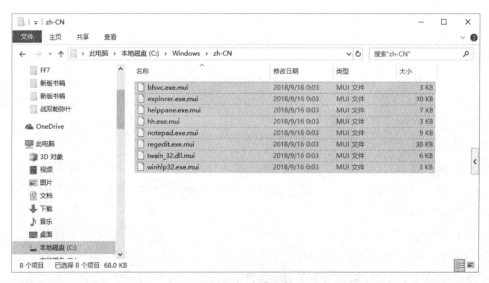

图2-26 全选文件

③ 选择"主页"→"剪贴板"→"复制"命令（或右击选定的文件，在弹出的快捷

菜单中选择"复制"命令）。

④双击打开学生文件夹。

⑤选择"主页"→"剪贴板"→"粘贴"命令（或在空白处右击，在弹出的快捷菜单中选择"粘贴"命令），把zh-CN文件夹内的所有文件复制到学生文件夹中。

（4）在学生文件夹中新建一个名为WIN1的文件夹，将学生文件夹中所有文件（不包括文件夹）移动到WIN1文件夹中。

①双击打开学生文件夹。

②选择"主页"→"新建"→"新建文件夹"命令，输入子文件夹名称WIN1，按【Enter】键确定。

③按住【Shift】键，然后再单击第一个和最后一个文件。

④选择"主页"→"剪贴板"→"剪切"按钮。

⑤双击打开WIN1文件夹，选择"主页"→"剪贴板"→"粘贴"按钮。

（5）在WIN1文件夹中新建一个名为XM.txt的文本文档，内容为"学生姓名：王红"。

①双击打开WIN1文件夹。

②在右窗格的空白处右击，弹出快捷菜单，选择"新建"→"文本文档"命令，如图2-27所示，出现一个临时名为"新建文本文档"的文件，并且该名字处于编辑状态，输入文件名称XM.txt，单击窗口空白处或按【Enter】键确定。

③双击打开XM.txt文件，输入文件内容"学生姓名：王红"。

④内容输入完毕后，单击标题栏上的"关闭"按钮，存盘退出。

（6）将XM.txt重命名为XS.txt。

①右击XM.txt，在弹出的快捷菜单中选择"重命名"命令。

②此时XM.txt文件的名称成为蓝色显示状态，并出现光标，输入新的名称XS.txt。

③单击窗口空白处或按【Enter】键确定。

（7）在学生文件夹中利用"画图"程序建立一个名为TU1.png的文件，内容为填充色为红色的椭圆，边框为蓝色，并将其压缩为TU1.zip文件。

①选择"开始"→"画图3D"命令，启动画图软件。

②单击"2D形状"里的"圆"工具，按住鼠标左键在画图区域内拖动，画出椭圆。

③单击"填充"→"红色"。

④单击"线型"→"蓝色"。

⑤选择"菜单"→"保存"命令。弹出"另存为"对话框，选择存储位置为D:\"学生文件夹"，文件名为TU1.png，保存类型为PNG(*.png)，然后单击"保存"按钮退出画图软件，如图2-28所示。

⑥在学生文件夹内，右击TU1. png文件，在弹出快捷菜单中选择"添加到'TU1. zip'"命令，将TU1. png压缩为TU1.zip文件。

（8）将TU1. zip文件解压缩到WIN1文件夹中。

①右击TU1. zip文件，选择"解压到…"命令，弹出"浏览文件夹"对话框，选中

WIN1 文件夹，如图 2-29 所示，单击"确定"按钮。

图 2-27 "文本文档"命令 　　　　　　　　 图 2-28 "另存为"对话框

② 在"目标路径"处选择解压缩后的文件将被存放的路径 D:\01 王红\WIN1，单击"立即解压"按钮。如图 2-30 所示。

(9) 删除学生文件夹中的 TU1.png 文件，并将 TU1.zip 文件属性改为只读。

① 选择学生文件夹中的 TU1.png 文件。

② 右击，在弹出的快捷菜单中选择"删除"命令。

③ 将鼠标指向 TU1.zip 文件，右击，弹出快捷菜单，选择"属性"命令，弹出"TU1.zip.属性"对话框。

④ 选择"常规"选项卡，勾选"只读"复选框，单击"确定"按钮，如图 2-31 所示。

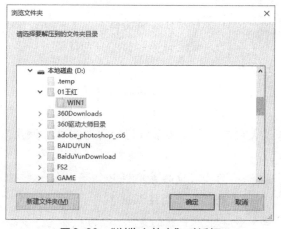

图 2-29 "浏览文件夹"对话框

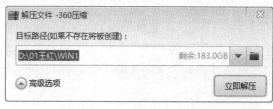

图 2-30 "目录路径"对话框

图 2-31 "TU1.zip 属性"对话框

习 题

一、选择题

1. 在Windows安装后，（　　　）可启动桌面上的应用程序。

  A. 双击图标   B. 单击图标

  C. 移动鼠标   D. 指向图标

2. 将回收站中的文件还原时，被还原的文件将回到（　　　）。

  A. 桌面上   B. "我的文档"中

  C. 内存中   D. 被删除的位置

3. 在（　　　）中暂时存放着用户已经删除的文件或文件夹等一些信息。

  A. 文档   B. 计算机

  C. 网络   D. 回收站

4. 回收站是（　　　）文件存放的容器。

  A. 活动   B. 打开

  C. 已删除   D. 关闭

5. 当前微机上运行的Windows属于（　　　）。

  A. 批处理操作系统   B. 单任务操作系统

  C. 多任务操作系统   D. 分时操作系统

6. 在Windows中，不可对任务栏进行的操作是（　　　）。

  A. 设置任务栏的颜色   B. 移动任务栏的位置

  C. 设置任务栏为"总在最前"   D. 设置任务栏为"自动隐藏"

7. 在任务栏中的任何一个按钮都代表着（　　　）。

  A. 一个可执行程序   B. 一个正在执行的程序

  C. 一个缩小的程序窗口   D. 一个不工作的程序窗口

8. 在Windows中，桌面上当窗口未最大化时，可以用鼠标拖动移动窗口的位置，但鼠标必须位于（　　　）。

  A. 窗口的标题栏中   B. 窗口的菜单栏中

  C. 窗口的边框上   D. 窗口中任意位置

9. 在Windows中，关于"开始"菜单的叙述中不正确的是（　　　）。

  A. 单击"开始"按钮可以启动开始菜单

  B. "开始"菜单包括关闭系统、帮助、程序、设置等菜单项

  C. 可在"开始"菜单增加菜单项，但不能删除菜单项

  D. 用户想在计算机上做的事情都可以从"开始"菜单开始

10. Windows的桌面是一个（　　　）。

  A. 系统文件夹   B. 用户文件

    C. 系统文件   D. 用户文件夹

11. 桌面上（　　　）可分为"开始"菜单按钮、快速启动区、任务视图、语言栏、通知区和"显示桌面"按钮等几部分。

    A. 任务栏   B. 文档

    C. 工具栏   D. 网络

12. Windows 的剪贴板是用于临时存放信息的（　　　）。

    A. 一个窗口   B. 一个文件夹

    C. 一块内存区间   D. 一块磁盘区间

13. Windows 环境中，每个窗口上面有一个"标题栏"，把鼠标光标指向该处，然后拖放，则可以（　　　）。

    A. 变动窗口上边缘，从而改变窗口的大小

    B. 移动该窗口

    C. 放大该窗口

    D. 放小该窗口

14. 桌面上的"此电脑"图标是（　　　）。

    A. 用来暂存用户删除的文件、文件夹等内容的

    B. 用来管理计算机资源的

    C. 用来管理网络资源的

    D. 用来保持网络中的便携机和办公室中的文件同步的

15. 要使桌面已打开的窗口不出现在屏幕上只在任务栏中显现一个图标，可将窗口（　　　）。

    A. 最小化   B. 关闭

    C. 还原   D. 最大化

16. 在 Windows 操作中，若鼠标指针变成了"I"形状，则表示（　　　）。

    A. 当前系统正在访问磁盘

    B. 可以改变窗口大小

    C. 可以改变窗口位置

    D. 可以从鼠标光标所在位置用键盘输入文本

17. 窗口的移动可通过鼠标选取（　　　）后按住左键不放，至任意处放开来实现。

    A. 标题栏   B. 工具栏

    C. 状态栏   D. 菜单栏

18. 在 Windows 的文件夹结构是一种（　　　）。

    A. 关系结构   B. 网状结构

    C. 对象结构   D. 树状结构

19. 下面关于中文 Windows 文件名的叙述中，错误的是（　　　）。

    A. 文件名允许使用汉字

B. 文件名允许使用多个圆点分隔符

C. 文件名允许使用空格

D. 文件名允许使用竖线 "|"

20. 在 Windows 安装后，可以通过（　　　）来查看计算机中的文件、文件夹和设备。

A. 回收站　　　　　B. 此电脑　　　　　C. 网络　　　　　D. 文档

21. "记事本" 程序默认的文件类型是（　　　）。

A. txt　　　　　B. doc　　　　　C. htm　　　　　D. xml

22. 欲将文件移动到别处，首先要进行的操作是（　　　）。

A. 粘贴　　　　　B. 复制　　　　　C. 删除　　　　　D. 剪切

23. 在 Windows 的 "此电脑" 中，选择（　　　）查看方式可以显示文件的 "大小"
与 "修改时间"。

A. 大图标　　　　　　　　　　B. 小图标

C. 列表　　　　　　　　　　D. 详细资料

24. 一个应用程序窗口被最小化后，该应用程序窗口的状态是（　　　）。

A. 继续在前台运行　　　　　　B. 被终止运行

C. 被转入后台运行　　　　　　D. 保持不变

25. 非法的 Windows 文件夹名称是，该应用程序窗口的状态是（　　　）。

A. x + y　　　　　B. x*y　　　　　C. x&y　　　　　D. x-y

26. Windows 系统中，U 盘上被删除的文件（　　　）。

A. 是否能还原要看运气　　　　　B. 一定能用 "回收站" 还原

C. 无法还原　　　　　　　　　　D. 可以用 "回收站" 还原

27. Windows 中，复制文件的快捷键是（　　　）。

A.【Ctrl + A】　　　　　　　　B.【Ctrl + C】

C.【Ctrl + V】　　　　　　　　D.【Ctrl + S】

28. Windows 10 中，右击桌面后，在弹出的快捷菜单中选择（　　　）命令，可以设
置桌面背景。

A. 显示设置　　　B. 个性化　　　C. 查看　　　D. 排列方式

29. Windows 中，选定多个不连续文件时，先按住（　　　）再选定文件。

A.【Shift】　　　　　B.【Ctrl】　　　　　C.【Alt】　　　　　D.【Tab】

30. Windows 10 中，按（　　　）键可以删除文件或文件夹。

A.【Shift】　　　　　B.【Ctrl】　　　　　C.【Delete】　　　　　D.【Tab】

二、判断题

1. Windows 桌面的任务栏中的图标不可移除。　　　　　　　　　　　　　（　　　）

2. 只能使用 "画图" 工具创建修改简单图画。　　　　　　　　　　　　　（　　　）

3. 在 Windows 桌面上右击图标，在快捷菜单中选择 "删除" 命令，即可删除图标。

（　　　）

4. 当某菜单命令后有"…"时，表示执行该命令会出现一个下级菜单。 （ ）

5. 单击文件，在弹出的快捷菜单中选择"创建快捷方式"命令，可以为所选文件创建快捷方式。 （ ）

6. 进入 Windows 后，可以通过鼠标移动文件或文件夹。 （ ）

7. Windows "开始"菜单不能以全屏模式显示。 （ ）

8. Windows 操作系统安装完成后，桌面默认只显示"回收站"图标，没有"此电脑"等图标。 （ ）

9. Windows "开始"菜单中右侧的动态磁贴，仅能查看程序动态信息，不能启动应用程序。 （ ）

10. Windows 中，按【Ctrl + X】组合键可以剪切文件或文件夹。 （ ）

项目三

计算机网络技术基础

随着计算机网络的快速发展与普及，以及它所提供的强大的服务功能，计算机网络已是计算机应用领域中最广泛、最活跃的一个分支，无论是工作、学习，还是生活，计算机网络都给人们带来了极大的便利。

学习目标

（1）了解计算机网络的基本知识。
（2）了解网络的基本应用等。
（3）了解云计算、大数据、物联网、人工智能等

任务一　了解计算机网络

任务描述

计算机网络（见图 3-1）是计算机技术与通信技术相结合的产物，在历经 40 多年的飞速发展后，计算机网络已经成为面向世界成千上万计算机用户的国际大型互连网络。世界上任何一台计算机只要申请接入互连网络，便可分享网络的电子邮件、文件传输、信息查询、网上新闻、各种论坛和电子商务等强大的服务功能，使信息的发布与获取变得轻而易举，给工作和生活带来了极大的方便。本任务要求了解计算机网络的基本知识。

任务实施

1. 计算机网络的定义

计算机网络是指将地理位置不同，并具有独立功能的多个计算机系统通过通信设备和线路连接起来，在网络操作系统、网络通信协议及网络管理软件的管理和协调下，实

现网络中资源共享和数据通信的计算机系统。

2. 计算机网络的分类

计算机网络的分类方法很多，一般以计算机网络的特点作为分类的依据，将计算机网络分为多种不同的类型，常见的分类方法有以下几种。

图3-1 计算机网络

1) 按覆盖范围或规模分类

按照计算机网络覆盖范围或规模的大小来划分，计算机网络可以划分为局域网、城域网、广域网3种，如图3-2所示。

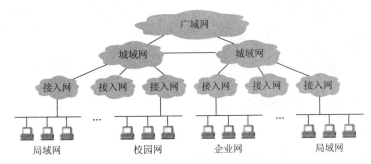

图3-2 计算机网络按覆盖范围分类

（1）局域网（Local Area Network，LAN）：是一种小型计算机网络，它的网络覆盖范围较小，一般为几米到几千米，通常企业、学校都建立了自己的局域网，以便在单位内部互通信息、资源共享。

（2）城域网（Metropolitan Area Network，MAN）：是一种中型计算机网络，它的网络覆盖范围为几千米至几十千米，一般一个城市或者一个地区所组成的计算机网络都属于城域网。

（3）广域网（Wide Area Network，WAN）：是一种大型计算机网络，它的网络覆盖范围可以达到上万千米，可以跨越地区、国家，甚至全球的计算机网络，如Internet。

2) 按传输介质分类

按传输介质的不同划分，计算机网络可以分为有线网与无线网：有线网采用同轴电缆、双绞线、光纤等有形传输介质来连接通信设备和计算机，并传输数据；无线网采用微波、激光与红外线作为载体来传输数据，无线网联网方式灵活方便，但是容易受到障碍物、天气和外部环境的影响。

3) 按通信方式分类

按照网络的通信方式，计算机网络分为点对点传输和广播式传输两类：点对点传输数据以点对点的方式，在计算机或通信设备中传输，即将它们直接相连在一起；广播式传输数据在共享式介质中传输。

4) 按服务方式分类

按服务方式分类，计算机网络分为客户机/服务器网络和对等网两类。

（1）服务器是指专门提供服务的高性能计算机或专用设备，客户机是用户计算机。

这是客户机向服务器发出请求并获得服务的一种网络形式（见图3-3），多台客户机可以共享服务器提供的各种资源，这是最常用、最重要的一种网络类型。不仅适合于同类计算机连网，也适合于不同类型的计算机连网，如PC、Mac的混合连网。

（2）对等网不要求创建文件服务器，每台客户机都可以与其他客户机对话，共享彼此的信息资源和硬件资源，组网的计算机一般类型相同，这种网络方式灵活方便，但是较难实现集中管理与监控，安全性也低，适合于部门内部协同工作的小型网络，如图3-4所示。

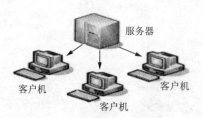

图3-3　客户机/服务器网络

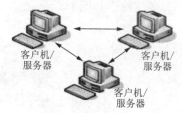

图3-4　对等网

3. 计算机网络的功能

计算机网络有许多功能，其中最重要的功能是：资源共享、数据通信、分布处理、负载平衡、提高系统可靠性和性能价格比等。

1）资源共享

计算机网络建立的主要目的是实现资源共享。资源共享是指硬件、软件和数据资源的共享。网络用户不但可以使用本地计算机资源，而且可以通过网络访问连网的远程计算机资源，还可以调用网中几台不同的计算机共同完成某项任务。

2）数据通信

数据通信是计算机网络最基本的功能。它用来在计算机与终端、计算机与计算机之间快速传送各种信息，包括文字信件、新闻消息、咨询信息、图片资料等。利用这一功能，可将分散在各个地区的单位或部门用计算机网络联系起来，进行统一调配、控制和管理。

3）分布处理

当某台计算机负担过重时，或该计算机正在处理某项工作时，网络可将新任务转交给网络上空闲的计算机来完成，这样处理能均衡各计算机的负载，达到均衡地使用网络资源进行分布处理的目的；对大型综合性问题，可将问题各部分交给不同的计算机分别处理，充分利用网络资源，扩大计算机的处理能力，即增强实用性。对解决复杂问题来讲，多台计算机联合使用并构成高性能的计算机体系，这种协同工作、并行处理要比单独购置高性能的大型计算机便宜得多。

4）负载平衡

负载平衡是指工作被均匀地分配给网络上的计算机。网络控制中心负责负载分配和超载检测，当某台计算机负载过重时，系统会自动转移部分工作到负载较轻的计算机中去处理。

5) 提高系统可靠性和性能价格比

在计算机网络中，即使一台计算机发生了故障，也并不会影响网络中其他计算机的运行，这样只要将网络中的多台计算机互为备份就可以提高计算机系统的可靠性。另外，由多台廉价的个人计算机组成计算机网络系统，采用适当的算法，运行速度可以得到很大的提高，且速度可以大大超过一般的小型机，因此具有较高的性能价格比。

4. 计算机网络的拓扑结构

1) 计算机网络的拓扑结构

计算机网络的拓扑结构是指网络中的通信线路和结点间的几何排列，用以表示网络的整体结构外貌，同时也反映了各个模块之间的结构关系。它影响着整个网络的设计、功能可靠性和通信费用等。常见的拓扑结构有：总线、环状、星状、树状和网状5种，如图3-5~图3-9所示。

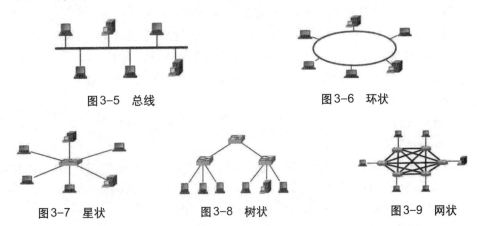

图3-5 总线   图3-6 环状

图3-7 星状   图3-8 树状   图3-9 网状

2) 计算机网络的传输介质

传输介质指搭载数字或模拟信号的传输媒介。常用的传输介质有双绞线、同轴电缆和光导纤维等，如图3-10~图3-12所示。另外，还有微波通信和卫星通信。

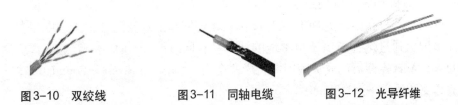

图3-10 双绞线   图3-11 同轴电缆   图3-12 光导纤维

5. 计算机网络协议

1) 网络协议的概念

网络协议是指计算机网络中通信各方都必须遵循的一整套规则，即通信协议。协议要规定一系列通信时所涉及的标准，如速率、传输代码、代码结构、传输控制步骤、出错控制等，这样才能保证通信的双方能准确地交换数据。

2) TCP/IP网络协议

Internet是全球性的计算机网络，它由许多各种各样不同规模、不同类型的网络组成，要让 Internet 上不同网络、不同类型的计算机能进行信息传输，就必须有一个通用网络信息传输协议。目前 Internet 所采用的标准网络协议是 TCP/IP 协议，它由 TCP 和 IP 两个协议组成，TCP（Transmission Control Protocol）是一种数据传输控制协议，用于负责网上信息正确传输。信息传输后信息包是否都已收齐，次序是否正确就是由 TCP 协议来检验的，若有哪个信息包还未收到，则要求发送方重新发送这个信息包；若信息包到达次序出现混乱，则进行重排。IP（Internet Protocol）是一种网际协议，IP 协议负责将信息从某一台计算机传输到另一台计算机。IP 协议规定，传输的信息分割成一个个不超过一定大小的信息包（内含信息包将被送往的地址，即 IP 地址）来传送。采用信息包传输可以避免单个用户长时间占用网络线路，且在传输出错时不必重新传送全部信息，只须重传出错的信息包即可。

TCP/IP 协议并不是简单地指 TCP 和 IP，它实际上是指 Internet 中所使用的整个通信协议组。TCP/IP 协议一般分成 4 个层次：第四层（最高层）是应用层，主要包括 HTTP（超文本传输协议）、FTP（文件传输协议）、Telnet（远程登录协议）、SMTP（邮件发送协议）、POP3（邮件接收协议）、NNTP（网络新闻传输协议）、DNS（域名服务协议）；第三层是传输层，包括 TCP 协议；第二层是网络层，包括 IP 协议；第一层是通信子网层，属于 TCP/IP 协议最低层。

6. Internet 网络

1）Internet 基本概念

Internet 是一个全球性的计算机互连网络，中文名称为"因特网"，它是由世界范围的、规模大小不一的网络互相连接起来而组成的国际性计算机网络。Internet 中各种各样的信息按照 TCP/IP 协议，实现网络信息的共享和使用。

Internet 的前身是 1969 年美国国防部高级研究计划署（Advanced Research Projects Agency，ARPA）建立的一个只有 4 个结点的存储转发方式的分组交换广域网 ARPAnet（阿帕网）。该网是以验证远程分组交换网的可行性为目的的一项试验工程。进入 20 世纪 80 年代，计算机局域网得到迅速发展，这些局域网依靠 TCP/IP 标准化协议，可以通过 ARPAnet 相互进行联络，这种用 TCP/IP 协议互连网络的规模迅速扩大。除了在美国，世界上许多国家通过远程通信，将本地的计算机和网络接入 ARPAnet。这使得原用于军事试验的 ARPAnet 逐渐衍化成美国国家科学基金会（National Science Foundation，NSF）对外开放与交流的主干网 NSFnet。

1993 年美国克林顿政府提出建设"信息高速公路"（National Information Infrastructure，NII）计划，又称国家信息基础设施，在世界各国引起极大反响。欧洲和日本、韩国、东南亚各国纷纷提出了建设自己国家信息基础设施的有关计划和措施，在世界范围内掀起建设"信息高速公路"的高潮，逐渐形成世界范围的全球信息基础设施（Global Information Infrastructure，GII）工程。作为"信息高速公路"的雏形，Internet 成为事实上的全球信息网络的原型，最终发展成当今世界范围内以信息资源共享及学术交流为目的的互联网，成为事实上全球电子信息的"信息高速公路"。

中国国家计算机网络（The National Computing and Networking Facility of China，NCFC），原为中关村地区教育与科研示范网络，它代表中国于1994年4月正式连入Internet，同年5月正式注册，建立起我国最高域名CN主服务器设置，可全功能访问Internet资源。我国获国务院批准管理Internet国际出口的单位有4家，分别是中科院CSTNET、国家教育部的教育和科研网CERNET、原邮电部的CHINANET和原电子部的金桥网CHINAGBN。这4家形成的互连网络构成我国当今Internet市场的四大主流体系，单位或部门站点、公司商业站点以及个人站点，均需要通过这4个网络中的一个与Internet互连。

2）Internet地址

（1）IP地址。在电话网中，每部电话机都有一个由邮局分配的电话号码，只要知道某台电话机的电话号码，便可彼此通话。如果加上所在城市的区号和所在国家（或地区）的代码，那么这部电话的号码就是全球唯一的。

在Internet中，为了实现计算机间的信息传输，由美国的国家数据网网络信息中心分配每个网络和网络中的主机一个类似于电话号码的地址编号，称为IP地址。将网络地址和主机地址合起来，就是该台主机在Internet中的IP地址，它由32位的二进制数组成（共4个字节）。如编者所在学院OA服务器的IP地址是：11011110 11011001 00100100 11000110。由于这样的IP地址不便于理解和记忆，因此，IP协议允许在Internet中采用十进制数来定义计算机的地址，即称为IP标准地址，具体是将32位的二进制数分成4组（即4个字节），每个字节的二进制数值转换成十进制数值来表示，则可得到4个与之对应的十进制数值，数值中间用"."隔开，就得到IP标准地址，例如，11011110 11011001 00100100 11000110表示该台计算机的IP标准地址为222.217.36.198。

以上属于数字型IP地址，包含两部分信息，即网络号和主机号，网络号用于识别一个网络，而主机号则用于识别网络中的计算机。网络号长度决定整个Internet中能包含的网络数，主机号长度决定所在网络能容纳的主机数，Internet上网络的数目不容易确定，而每一个网络中的主机数是比较容易确定的，因此，按网络规模将IP地址分为A、B、C、D、E这5类，但是主机只能使用前3类IP地址，这5类IP地址的分配方法如表3-1所示。

表 3-1 IP 地址的分配

类别	IP 地址的分配	IP 地址的范围
A	0 + 网络地址（7 bit）+ 主机地址（24 bit）	1.0.0.0 ~ 127.255.255.255
B	10 + 网络地址（14 bit）+ 主机地址（16 bit）	128.0.0.0 ~ 191.255.255.255
C	110 + 网络地址（21 bit）+ 主机地址（8 bit）	192.0.0.0 ~ 223.255.255.255
D	1110 + 广播地址（28 bit）	224.0.0.0 ~ 239.255.255.255
E	11110 + 保留地址（27 bit）	240.0.0.0 ~ 254.255.255.255

A、B、C这3类地址是常用地址，D类为多点广播地址，E类保留。IP地址的编码规

定是：全"0"地址表示本地网络或本地主机，全"1"地址表示广播地址。因此，一般网络中分配给主机的地址不能为全"0"地址或全"1"地址。

A类IP地址：用第一个字节表示网络号，且第一位必须为"0"，因此，有126个网络；后3个字节表示主机号，因此，每个网络能容纳16 777 214台主机。A类IP地址适用于大型网络，也只有大型网络才被允许使用A类IP地址。由于A类IP地址支持的网络数很少，所以现在已经无法申请到这一类的网络号。

B类IP地址：用第二个字节表示网络号，且第一个字节的前两位必须为"10"，因此，有16 382个网络；后两个字节表示主机号，因此，每个网络能容纳65 534台主机。B类IP地址适用于中型网络。

C类IP地址：用第三个字节表示网络号，且第一个字节的前3位必须为"110"，因此，有2 097 152个网络；后一个字节表示主机号，因此，每个网络能容纳254台主机。C类IP地址一般适用于小型网络。

一般可由主机的IP标准地址来判别所属的类别，方法是从第一个字段的十进制来确定：

若为1～127，则该IP地址为A类。

若为128～191，则该IP地址为B类。

若为192～223，则该IP地址为C类。

若为224～239，则该IP地址为D类。

若为240～254，则该IP地址为E类。

例如，IP地址是222.217.36.198，则其网络号是222.217.36，主机号是198，属于C类IP地址。

（2）子网技术。由于A类网络和B类网络的主机地址空间太大，浪费了许多IP地址。以B类IP地址为例，它可以标识16 382个不同的网络，每个网络可以容纳65 534台主机，网络规模巨大，2～3个这样的网络在规模上与Internet相当，任何一个企事业单位不可能拥有如此巨大的网络。可见，在一个B类网络中，其主机号部分存在很大的浪费。因此，为了有效地使用IP地址，有必要将可用地址分配给更多较小的网络。

利用子网划分技术将较大规模的单一网络划分为多个彼此独立的物理网络，并通过路由器将它们连接在一起，这些彼此独立的物理网络统称为子网。

① 子网的划分方法。子网划分的基本方法是将IP地址中的原主机地址空间进一步划分为子网地址和主机地址。此时，一个IP地址由3个部分组成：网络号、子网号、主机号。网络号用于识别一个网络，子网号用于识别一个子网，而主机号则用于识别子网中的计算机。

由于划分子网号的位数取决于具体需要，因此不同的网络，其子网号的位数是不同的，那么一个网络划分为若干个子网以后，路由器如何判别子网呢？这就需要使用子网掩码。

② 子网掩码。子网掩码（Subnet Mask）也是一个32位的二进制数值，它用于指示IP地址中的网络地址（包括子网地址）和主机地址。对应于IP地址中的网络地址（包括

子网地址），在子网掩码中用"1"表示，而对应于IP地址中的主机地址在子网掩码中用"0"表示。

子网掩码也采用了十进制标记法，即将4个字节的二进制数值转换成4个十进制数值来表示，数值中间用"."隔开，例如：

子网掩码：11111111 11111111 11111111 00000000

十进制表示为：255.255.255.0

有了子网掩码，就可以区分网络号和主机号了，也就可以判断一台计算机是在本地网络中（相同的网络号），还是在远程网络中（不同的网络号）。例如，一台计算机的IP地址是61.139.2.69，若其子网掩码为255.255.0.0，则网络号为61.139，主机号为2.69。同一个子网中的所有计算机都将使用同一个子网掩码，其IP地址中的网络号都是相同的，而主机号则不同。

子网掩码的另一个功能就是将网络分割成以多个IP路由连接的子网。例如，已经有一个C类的网络192.168.15.0，现在希望将该网络划分为6个不同的子网。由于需要至少3位二进制数表示，因此，需要将该网络中的主机地址空间（8位）中的高3位作为子网地址，所以其子网掩码为11111111 11111111 11111111 11100000，即255.255.255.224。

（3）域名地址。IP地址是全球通用的地址，但这种数字型IP地址太抽象，使用起来不方便，如果用有含义的字符表示IP地址，可帮助理解和记忆，所以TCP/IP协议提供了另一种以字符表示IP地址的命名机制，称为域名系统（Domain Name System，DNS），以域名系统命名的IP地址称为域名。域名地址是从右到左来表述其意义的，最右边的部分为顶层域，最左边的则是这台主机的名称。一般域名地址可以表示为主机名.单位名.网络名.区域名。在浏览器的地址栏中，也可以直接输入IP地址来打开网页。

例如，某学院的域名为http://www.lztdzy.com。

区域名由ISO 3166规定，分为两大类，一类是由3个字母组成的（见表3-2），适用于美国。另一类是由两个字母组成的（见表3-3），适用于除美国以外的其他国家。但是域名并不是主机的IP地址，使用时必须进行域名转换，将域名转换成与之对应的IP地址的工作称为域名解析，域名解析需要由专门的域名解析服务器来完成，整个过程自动进行。大型的网络运营商一般都提供域名解析服务。域名解析实质上就是域名和IP地址的翻译，用户在进行网络设置时可以随意选择域名解析服务器。例如，上网时输入的www.lztdzy.com将由域名解析系统自动转换成柳州铁道职业技术学院网站的Web服务器IP地址：222.217.36.198。

7. Internet的接入方式

Internet接入的技术主要采用ADSL接入、光纤接入、无线接入等。

1）ADSL接入

ADSL非对称数字网可以在普通的电话铜缆上提供1.5~8 Mbit/s的下行和1 064 kbit/s的上行传输，可进行视频会议和影视节目传输，非常适合中、小企业。但是有一个致命的弱点，用户距离电信的交换机房的线路距离不能超过6 km，限制了它的应用范围。

表 3-2 美国 3 个字母组成的域名列表

域　名	含　义	域　名	含　义
com	商业	net	网络机构
edu	教育	mil	军事机构
gov	政府	fir	公司企业
int	国际机构	org	非营利组织

表 3-3 常见国家或地区域名列表

域　名	国家或地区	域　名	国家或地区
au	澳大利亚	it	意大利
be	比利时	in	印度
cn	中国	jp	日本
ca	加拿大	kr	韩国
ch	瑞士	nz	新西兰
de	德国	ru	俄罗斯
es	西班牙	se	瑞典
fr	法国	sg	新加坡
gb	英国	us	美国

2）光纤接入

一些城市已开始兴建高速城域网，主干网速率可达几十吉比特每秒，并且推广宽带接入。光纤可以铺设到用户的路边或者大楼，以 100 Mbit/s 以上的速率接入，适合大型企业。

3）无线接入

由于铺设光纤的费用很高，对于需要宽带接入的用户，一些城市提供了无线接入。用户通过高频天线和 ISP 连接，距离在 10 km 左右，带宽为 2～11 Mbit/s，费用低廉，但是受地形和距离的限制，适合城市里距离 ISP 近的用户，性能价格比很高。

任务二　计算机网络的应用

任务描述

计算机网络发展到今天，其提供的服务功能已多达上万种，而且大多是免费的服务，其中，最主要的服务功能有万维网浏览、电子邮件、文件传输等。本任务要求了解计算机网络的万维网浏览、电子邮件、文件传输等最主要的服务功能。

任务实施

1. WWW浏览服务

WWW是World Wide Web的英文缩写，又称Web，翻译为万维网，它是一种基于超文本的多媒体信息查询工具，采用超文本传输协议HTTP（Hyper Text Transfer Protocol），WWW中的信息资源由一个个的网页为基本元素构成，所有网页采用全球统一资源定位器URL（Uniform Resource Locator）来唯一标识，网页采用超文本标记语言HTML（Hyper Text Markup Language）编写，Web页采用超文本链接，用户借助IE浏览器即可访问信息服务资源。

1）IE浏览器

Internet Explorer（IE）是微软公司所开发的一个功能强大的WWW浏览器，它的主要用途有浏览Web页、收藏访问网页。

（1）浏览Web页。

① 输入网址浏览网页，一般是知道网址情形下所采用的访问方法，此时可在IE地址栏中输入该网页所在的网站URL（Uniform Resource Locator，统一资源定位器）地址，URL的地址格式为"协议名://IP地址或域名"，按【Enter】键，便可进入该网站浏览网页。如要访问"网址之家"网站时，可在地址栏输入"hao123.com"按【Enter】键后即可显示"网址之家"网站的主页，如图3-13所示，然后使用主页的超链接功能浏览网站中的其他资源。

图3-13 "hao123网址"主页

② 采用超链接功能浏览网页。采用超链接功能浏览网页，一般适用于容易获得网页的超链接点情形所采用的访问方法，用鼠标单击超链接点便可跳转到该网页。如要访问"新浪新闻"网页，单击"网址之家"网站主页的"新浪新闻"超链接点，即可显示"新浪新闻"网站的主页。对不知道网页地址，但容易获得网页的超链接点情形，采用超链接功能浏览网页，更能显示出该方法的快捷简便。

③ 使用搜索引擎搜索互联网信息。搜索引擎是一种专门用来查找网址和相关信息的网站，目前，专用搜索引擎网站有百度（www.baidu.com）等。另外，新浪（Sina）、搜狐（Sohu）等门户网站也提供了信息检索的功能。搜索引擎将互联网上的网页检索信息保存在专用的数据库中，并且不断更新。用户通过网站提供简单的关键字搜索功能，在引擎提供的输入框中输入和提交有关查找信息的关键字，经对数据库进行信息检索后，显示包含网页以及与关键字相关的查询信息，用户即可选择网页浏览或继续信息查找。

④ 使用收藏夹访问网页

浏览网页时，对一些不容易查找、又要经常访问的网页，可用 IE 10.0 提供的收藏网页地址的功能，将网页地址添加到收藏夹中，以后只需要单击收藏夹列表中的选项，就可以快速访问该网页。添加网页地址到收藏夹的方法是：在访问某网页时，选择"收藏"→"添加到收藏夹"命令，即可将当前网页地址添加到收藏夹中。

（2）保存当前访问网页。

IE 除了提供收藏网页地址的功能外，还提供了保存当前访问网页的功能，其作用与收藏网页地址相同，都是方便以后快速访问该网页。保存当前访问网页的方法是：在访问某网页时，选择"工具"→"文件"→"另存为"命令，弹出"保存网页"对话框，如图 3-14 所示。

图3-14　保存百度首页

然后确定保存的位置、文件名和文件类型，单击"保存"按钮即可。当在保存类型中选择"文本文件(*.txt)"可将该网页中的全部文本保存为文本文件。

另外，网页中的图片也可以进行保存。保存网页中的图片的方法是：右击需要保存的图片，然后在弹出的快捷菜单中选择"图片另存为"命令即可。

2. 电子邮件（E-mail）服务

电子邮件是由 Electronic Mail 翻译过来的，简称 E-mail。电子邮件是 Internet 应用最广的服务，通过网络的电子邮件系统，网络用户可以用非常低廉的价格（无论发送到何处，只需支付网费即可），以非常快速的方式（几秒内可以发送到世界上任何指定的目的地），与世界上任何一个角落的网络用户联络，这些电子邮件可以是文字、图像、声音等各种方式。由于电子邮件使用简易、投递迅速、收费低廉，易于保存、全球畅通无阻，使得电子邮件被广泛应用，也使人们的交流方式得到了极大的改变。

1）收发电子邮件

（1）电子邮件服务协议。

电子邮件服务是 Internet 提供的可收发电子邮件的电子邮件系统，目前，该系统采用的是 SMTP 和 POP3 两种协议。

SMTP（Simple Mail Transfer Protocol，简单邮件传输协议）是一组用于由源地址到目的地址传送邮件的规则，由它来控制信件的中转方式。SMTP 属于 TCP/IP 协议簇，它帮助每台计算机在发送或中转信件时找到下一个目的地。通过 SMTP 所指定的服务器，网络用户就可以把 E-mail 寄到收信人的服务器上，整个过程只要几秒。SMTP 服务器则是遵循 SMTP 的发送邮件服务器，用来发送电子邮件。

POP3（Post Office Protocol 3，邮局协议的第 3 个版本）是规定如何将个人计算机连接到 Internet 的邮件服务器和下载电子邮件的协议，是互联网电子邮件的第一个离线协议标准，POP3 允许用户从服务器上把邮件存储到本地主机（即自己的计算机）上，同时删除保存在邮件服务器上的邮件。POP3 服务器则是遵循 POP3 的接收邮件服务器，用来接收电子邮件。

（2）建立个人电子邮箱。

在 Internet 上使用电子邮件服务功能进行电子邮件收发，要先建立个人电子邮箱。所谓电子邮箱，是邮件服务器为每个注册用户提供的一个有限的存储空间，用以存储用户的电子邮件，每个电子邮件存储空间都对应地建立一个账号，它是互联网内唯一的，这个账号就是用户的个人电子邮箱，叫 E-mail 地址，电子邮件收发时，按照 POP 协议，电子邮件首先被传送到邮件服务器上个人电子邮箱中，然后按照 SMTP 协议，由邮件服务器将信件转发到用户的计算机上。通常情况下，用户到 ISP 处办理上网账户时，同时就会获得电子邮箱。电子邮件的地址用来标识自己的电子邮箱，以便与他人的邮箱区别开来。全球的电子邮件地址是不重复的。

在 Internet 上，新浪、雅虎、搜狐等门户网站都提供有免费电子邮箱服务。这些电子邮箱提供以万维网（WWW）方式在线收发电子邮件的功能。用户可以进入这些网站进行申请。

E-mail 地址由 3 部分组成，电子邮件的典型地址格式是"用户名@邮件服务器名"。

①这里@表示at（中文"在"的意思）。

②@之前是邮箱的用户名，它并不是用户的真实姓名，而是用户在服务器上的信箱名。

③@后是提供电子邮件服务的服务商名称，用户名可以自己设定，邮件服务器名由网络服务商提供。

例如，user@sina.com.cn表示用户user在新浪网站的免费邮箱。

（3）使用Microsoft Outlook 2016收发邮件。

申请到个人电子邮箱后，在主页登录邮箱，就可以进行邮件收发。也可以利用Microsoft Outlook 2016软件无须登录邮箱所在的网站收发邮件。Microsoft Outlook 2016是Microsoft公司开发的Office 2016办公套装中一种电子邮件管理软件，该软件提供用户将邮件下载到本地保存和邮件管理功能。

①Microsoft Outlook 2016的基本设置。

选择"开始"→"所有程序"→Microsoft Office→Microsoft Outlook 2016命令。便可打开Outlook 2016的主窗口，如图3-15所示。

在默认状态下，开始选项卡中的"新建电子邮件"按钮用于撰写新的电子邮件。"发送/接收"选项卡则用于接收或发送电子邮件。

首次使用Outlook 2016收发电子邮件之前，必须添加并配置电子邮件账户。如果在安装了Outlook 2016的计算机上使用早期版本的Microsoft Outlook，那么账户设置将自动导入。如果您是Outlook的新用户，或者要在新计算机上安装Outlook 2016，那么"自动账户设置"功能将自动启动，并帮助您配置电子邮件账户的账户设置。此设置只需要名称、电子邮件地址和密码。如果无法自动配置电子邮件账户，那么必须手动输入所需的附加信息。

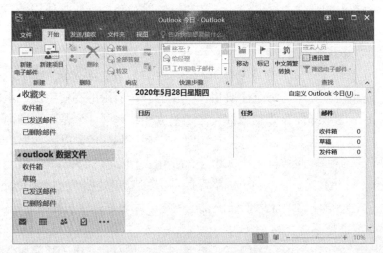

图3-15　Outlook 2016常规设置

必须添加并设置用户的电子邮件账号（如user@Sina.com），才能接收或发送电子邮件。要添加邮件账号的操作步骤如下：

第1步：在图3-15所示的主窗口中，选择"文件"选项卡。并在"信息"下，单击"添加账户"按钮，如图3-16所示。打开"添加新账户"对话框，如图3-17所示。

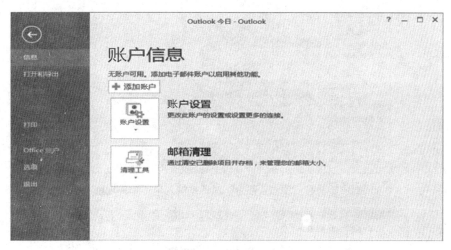

图3-16 添加账户

第2步：在"添加新账户"对话框中，选择电子邮件账户服务（见图3-17所示），并单击"下一步"。

第3步：在打开的"添加新账户"中输入：您的姓名、电子邮件地址和密码，如图3-18所示，并单击"下一步"按钮。即可完成配置电子邮件服务器设置，如图3-19所示。

②收发电子邮件。

收发电子邮件通常包括：创建新邮件、发送邮件、接收和阅读邮件、打开和存储附件和答复邮件等。操作步骤分别如下：

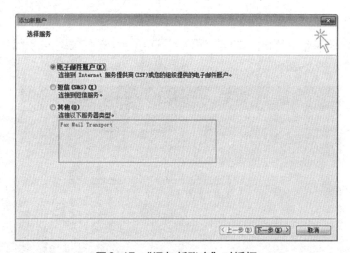

图3-17 "添加新账户"对话框

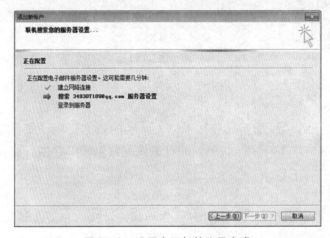

图3-18 在"添加新账户"对话框输入电子邮件地址

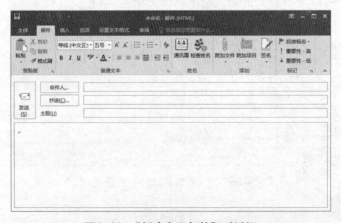

图3-19 设置电子邮件账号完成

第1步：创建新邮件。

启动Outlook 2016后，单击主窗口"开始"选项卡中的"新建电子邮件"按钮，打开"新邮件"窗口，如图3-20所示。

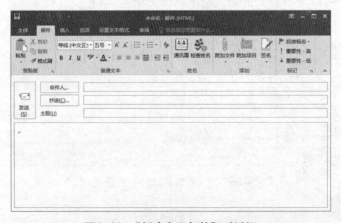

图3-20 "新建电子邮件"对话框

第2步：写邮件。

在"新邮件"窗口的"收件人"框中，输入收件人的电子邮件地址（如Lztdzy@126. COM）；在"主题"框中，输入邮件的主题，以便让收件人不必打开信件就可一目了然地知道信件的主要内容（如张三稿件）；在"抄送"框中，输入要同时发送给其他人的电子邮件地址（本例无其他人）；在邮件编辑区中输入邮件的正文。本例正文如下：

编辑同志：您好！

　现将文件发给您，见附件，收到请回信。

此致

　敬礼！

张三

2020年6月18日

第3步：添加附件。

Outlook 2016除了提供邮件编辑区供输入正文外，还提供添加附件功能，如果还有独立的文件（该文件可以是Word文档、图像、声音、动画等）要随信的正文一起发送，可以使用附加文件或项目的功能。操作方法：在"新邮件"窗口中，单击窗口"邮件"选项卡中的"附加文件"按钮，打开"插入文件"对话框。从对话框中选择要插入的文件所在的文件夹和文件名（如添加《计算机应用技术项目化教程》项目四.docx为附件），然后单击"插入"按钮。结果如图3-21所示。

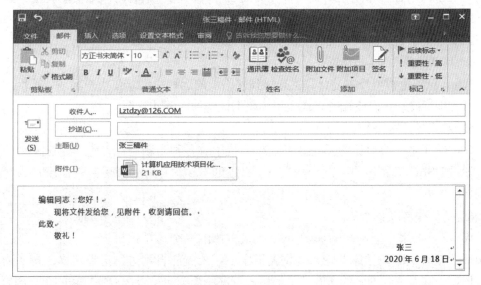

图3-21　张三稿件

第4步：发送、接收、阅读邮件和打开、存储附件。

单击Outlook 2016中的"发送/接收"选项卡中的"发送/接收组"即可发送、接收、阅读新邮件，如果邮件有附件，在邮件列表区中双击包含附件的邮件主题。此时，该邮件将显示在新窗口中，其附件以图标的形式显示在"附件"框中，右击附件图标，在快捷菜单中选择"打开"命令可打开附件，右击附件图标，在快捷菜单中选择"另存为"命令可保存附件。

3. 文件传输（FTP）服务

文件传输就是从本地主机传送文件到网络上的远程主机或从远程主机读取文件到本地主机。FTP是Internet上最早提供的文件传输服务之一，它通过客户端和服务器端的FTP应用程序在Internet上实现远程文件传送，是Internet上实现资源共享最方便、最基本的手段之一。

对于基于客户/服务器模式的FTP服务，客户首先登录到服务器主机上，然后就可以像在本地计算机上复制文件一样，通过网络从服务器主机传送各种类型的文件到本地计算机。这种从服务器向客户机传送文件的形式称为"下载"（Download）。反之，若是从客户机向服务器传送文件，则称为"上传"（Upload）。只要两台计算机遵守相同的FTP协议，就可以进行文件传输，并不受操作系统的限制。在实际应用中，各种操作系统中都开发了各自的FTP应用程序。FTP可用多种格式传输文件，常用的文件传输格式有文本格式和二进制格式。

图形化的FTP客户端软件为用户提供了更好的界面，使不了解FTP命令的用户也能轻松使用FTP传输文件。FTP软件种类繁多，常用的FTP专用软件有CuteFTP、WS-FTP、网络蚂蚁、迅雷等软件，此外，还有一些不是专用的FTP软件也可以用来完成FTP操作，如Web浏览器。这些专用的文件传输工具通常都具有断点续传功能，在上传或下载文件时，不至于由于各种原因中断文件传输而前功尽弃。此外，有些网站在主页上集成了文件下载的功能，用户浏览到这些主页时，单击相关的选项就可以显示供下载的文件目录，单击想要的文件名或输入有关的个人信息就可以启动文件下载过程。

4. 远程登录（Telnet）服务

Telnet服务是将用户本地计算机连接到网络上的远程主机，使用户本地计算机成为远程主机的虚拟终端，以终端的形式使用远程主机硬件和软件资源。

5. 网络新闻（USENET）服务

USENET是一个讨论组系统，在这个系统中有各种专题论坛，每个论坛又称为新闻组。通过USENET，用户可以参与自己感兴趣的专题讨论，可以看到其他用户的观点并发表自己的看法，与他们进行网上讨论和聊天。

6. 广域信息服务系统

WAIS是供用户查询Internet上的各类数据库的一个通用接口软件。用户只要选择菜单中所希望查询的数据库并输入查询关键字，系统就能自动进行远程查询，帮助读出相应数据库中含有该查询词的所有记录，用户可进一步选择是否读取感兴趣的记录内容。

7. 电子公告板（BBS）

BBS（Bulletin Board System）开辟了一块"公共"空间供所有用户读取和讨论其中的信息。BBS可提供一些多人实时交谈、网络游戏服务，公布最新消息和提供各种免费信息包括免费软件等。

任务三　计算机信息安全知识

任务描述

随着计算机网络被广泛应用，"信息高速公路"在为信息资源共享提供了极大方便的同时，也产生了在新的环境下如何确保信息安全的重大难题。计算机信息安全分为网络系统安全和数据安全两方面，网络系统安全指网络硬件和软件不被破坏，而且网络中的各个系统能够正常运行并通过网络交换信息。数据安全指网络中存储及传输的数据不被篡改、非法复制、解密和使用。本任务要求了解计算机网络信息安全的知识、信息安全技术和病毒防治。

任务实施

1. 计算机信息安全的主要威胁

计算机信息安全的威胁是指信息系统被非法侵入或蓄意攻击，重要商业机密或经济财富被窃取，重要数据被篡改、破坏和非法复制，其威胁主要来自：

（1）计算机病毒泛滥。计算机病毒通过U盘、硬盘和计算机网络等传播途径威胁计算机信息安全，使计算机速度减慢、显示异常、文件丢失、硬件损坏、系统瘫痪等。

（2）"黑客"非法侵入或攻击计算机网络。"黑客"是英文Hacker的译音，一般是指计算机网络的非法入侵者。"黑客"采用翻新的分散阻断服务（DDOS）攻击手法，用域名系统服务器来发动攻击，用大量的垃圾信息妨碍系统正常的作息处理，切断被攻击计算机与外界的联系，造成网络流量急速提高，网络链路不堪重负，甚至导致网络系统的崩溃。

（3）盗用合法用户身份窃取敏感信息。攻击者能通过未经确认的设备，以有效合法的个人身份凭证进入网络，使用木马程序、广告软件及其他恶意程序"偷窥"合法用户的信息，盗取用户名和密码，严重威胁网络系统的安全。

（4）不法分子利用计算机网络犯罪案件增多。不法分子利用计算机网络犯罪手段日益增多，如盗取QQ账号向受害者好友骗钱，制造银行账号被盗的谎言对用户诈骗等。

2. 计算机信息安全的基本要求

计算机信息系统安全有4个基本要求：

（1）数据的保密性：防止信息的非授权访问或泄露。

（2）数据的可用性：保障网络中数据无论何时、经过何种处理，只要需要，信息就必须是可用的，防止非授权存取。

（3）数据的完整性：包括数据单元完整性和数据单元序列完整性，防止非授权修改。

（4）合法使用性：合法用户合法地访问和使用资源和信息。

3. 计算机信息安全技术

计算机网络信息安全技术分两个层次，第一层次为计算机系统安全，第二层次为计算机数据安全。针对两个不同的层次，可以采取相应不同的安全技术。

1）系统安全技术

系统安全技术又分为两部分：一是物理安全技术，二是网络安全技术。

（1）物理安全技术。物理安全是计算机信息安全的重要组成部分，物理安全技术研究影响系统保密性、完整性及可用性的外部因素及应采取的防护措施。通常采取的措施有：减少自然灾害、外界环境对计算机系统运行可靠性造成的不良影响，减少计算机系统电磁辐射造成的信息泄露，减少非授权用户对计算机系统的访问和使用等。

（2）网络安全主要技术：防火墙技术。网络安全使用广泛的技术就是防火墙技术（Firewall），即在Internet和内部网络（Internal net-work）之间设置一个网络安全系统。目前在全球连入Internet的计算机中约有1/3是处于防火墙保护之下的。在古代，人们在木制结构房屋之间用坚固的石块堆砌一道墙作为屏障，当火灾发生时可以防止火灾的蔓延，从而达到防火的目的，这道墙被称为防火墙。在当今的电子信息世界里，人们借助这个概念，使用防火墙来保护计算机网络免受非授权人员的骚扰与黑客的入侵。不过这些防火墙是由先进的计算机系统构成的。

防火墙是一种特殊网络互连设备，用来加强网络之间的访问控制，防止外部网络用户以非法手段通过外部网络进入内部网络访问内部网络资源，保护内部网络操作环境。它对两个或多个网络之间的连接方式按照一定的安全策略来实施检查，以决定网络之间的通信是否被允许，并监视网络运行状态。从软件上讲，防火墙是实施安全控制策略的规则，防火墙软件就是这些规则在具体系统中实现的软件。这些软件包括网络连接、数据转发、数据分析、安全检查、数据过滤和操作记录等功能。

防火墙的作用包括：有效地记录互联网上的活动，并提供网络是否受到监测和攻击的详细信息；可以强化网络安全策略；防止内部信息的外泄；支持具有Internet服务特性的企业内部网络技术体系VPN（虚拟专用网）；进行用户认证、防止病毒与黑客侵入等，保障数据安全。

2）数据安全技术

由于计算机系统的脆弱性及系统安全技术的局限性，要彻底消除信息被窃取、丢失或其他有关影响数据安全的隐患，还需要保证计算机信息系统的数据安全技术。对数据进行加密，即所谓密码技术，这是保证数据安全行之有效的方法。在计算机网络内部及各网络间通信过程中，也采用密码编码技术。一旦数据被别人窃取，也会因为无法解密将之还原成原始未经加密的数据，从而保证了数据的安全性。

加密是指对数据进行编码，使其看起来毫无意义，同时仍保持其可恢复的形态。接收到的加密消息可以被解密，转换成原来可理解的形式。在加密过程中使用的规则或者数学函数称为加密算法。一般的加密过程都需要一个加密参数，这个参数称为密钥。加密后的数据称为密文，加密前的数据称为明文。如果密文被别人窃取了，也会因为没有密钥而无法将之还原成原始未经加密的数据，从而保证了数据的安全性；接收方因为有正确的密钥，因此可以将密文还原成正确的明文。可以说，加密技术是计算机通信网络最安全有效的技术之一。

加密的逆过程称为解密。解密就是从密文恢复为明文的过程。当然，这里所说的解密是一种经过授权的解密，这里的授权是指经过加密方的允许，不是私自进行解密，更不是窃取、截获密文后所进行的解密。要对一段加密的信息进行解密，需要具备两个条件：一个是需要知道解密规则或者解密算法，另一个是需要知道解密的密钥。

4．计算机病毒及其防治

1）计算机病毒

根据《中华人民共和国计算机信息系统安全保护条例》，病毒（Computer Virus）的明确定义是"编制或者在计算机程序中插入的破坏计算机功能或者破坏数据，影响计算机使用并且能够自我复制的一组计算机指令或者程序代码"。

2）计算机病毒的特点

当前流行的计算机病毒主要由3个模块组成：即病毒安装模块（提供潜伏机制）、病毒传染模块（提供再生机制）和病毒激发模块（提供激发机制）。病毒程序的组成决定了病毒的特点。计算机病毒的特点主要有：

（1）传染性。传染性是计算机病毒的重要特性。再生机制反映了病毒程序最本质的特征，计算机系统一旦接触到病毒就可能被传染。一台计算机的病毒可以在几个星期内扩散到数百台乃至数千台计算机中，传播速度极快。在计算机网络中，用户带病毒操作时，病毒传播速度更快。

（2）隐蔽性。病毒程序是人为特制的短小精悍的程序，因而不易被人察觉和发现，其破坏性活动使用户难以预料。计算机病毒在发作前，一般隐藏在内存（动态）或外存（静态）中，难以被发现，体现出隐蔽性较强的特性。

（3）潜伏性。病毒发作前，有一段潜伏期。一些编制巧妙的病毒程序，可以在合法文件或系统备份设备内潜伏几周或几个月而不被发现。在此期间，病毒实际上已经逐渐繁殖增生，并通过备份和副本传染到其他系统上。

（4）可激发性。在一定的条件下，通过外界刺激可使病毒程序激活。激发的本质是一种条件控制。根据病毒程序制作者的设定，某个时间或日期、特定的用户标识符的出现、特定文件的出现或使用、用户的安全保密等级或者一个文件使用的次数等，都可使病毒体激活并发起攻击。

（5）破坏性。计算机病毒的主要目的是破坏计算机系统，使系统资源受到损失、数据遭到破坏、计算机运行受到干扰，严重的甚至会使计算机系统瘫痪，遭到全面的摧毁，造成严重的破坏后果。

5. 计算机病毒的分类

1）按破坏性划分

良性病毒：此类病毒不直接破坏计算机的软硬件，对源程序不做修改，一般只是进入内存，侵占一部分内存空间。病毒除了传染时减少磁盘的可用空间和消耗CPU资源之外，对系统的危害较小。

恶性病毒：这类病毒可以封锁、干扰和中断输入输出，甚至中止计算机运行。这类病毒给计算机系统操作造成严重的错误。

极恶性病毒：可以造成系统死机、崩溃，可以删除普通程序或系统文件并破坏系统配置导致系统无法重启。这类病毒对系统造成的危害，并不是本身的算法中存在危险的调用，而是当它们传染时会引起无法预料的和灾难性的破坏。

灾难性病毒：这类病毒破坏分区表信息和主引导信息，删除数据文件，甚至破坏CMOS、格式化硬盘等。

2）按传染方式划分

引导型病毒：此类病毒的攻击目标首先是引导扇区，它将引导代码链接或隐藏在正常的代码中。每次启动时，病毒代码首先执行，获得系统的控制权。由于引导扇区的空间太小，病毒的其余部分常驻留在其他扇区，并将这些空间标识为坏扇区。待初始引导完成后，跳到另外的驻留区继续执行。

文件型病毒：此类病毒一般只传染磁盘上的可执行文件（.COM和.EXE）。在用户调用染毒的可执行文件时，病毒首先被运行，然后病毒体驻留内存并伺机传染其他文件或直接传染其他文件。其特点是附着于正常程序文件，成为程序文件的一个外壳或部件。这是较为常见的传染方式。例如，CIH病毒就是一种文件型病毒，千面人病毒是一种高级的文件型病毒。

混合型病毒：这类病毒兼有以上两种病毒的特点，既感染引导区又感染文件。

6. 计算机病毒的防治

（1）计算机病毒的传染渠道主要有可移动磁盘（如光盘和U盘）、硬盘和网络。

（2）计算机病毒的症状主要有：

① 屏幕显示异常。

② 系统启动异常或者无法启动。

③ 机器运行速度明显减慢。

④ 频繁访问硬盘，其特征是主机上的硬盘指示灯快速闪烁；经常出现意外死机或重新启动现象。

⑤ 文件被意外删除或文件内容被篡改。

⑥ 发现不知来源的隐藏文件。

⑦ 计算机上的软件突然运行。

⑧ 文件的大小发生变化。

⑨ 光驱自行打开、关闭。

⑩ 磁盘的重要区域被破坏，如引导扇区、文件分配表等被破坏，导致系统不能使用或文件丢失；突然弹出不正常消息提示框或者图片。

⑪ 不时播放不正常的声音或者音乐。

⑫ 调入汉字驱动程序后不能打印汉字；邮箱里包含有许多未发送者地址或者没有主题的邮件。

⑬ 磁盘卷标被改写。

⑭ 汉字显示异常。

若出现以上现象，应意识到计算机可能被病毒感染。但也不能把一切异常现象或非期望的后果都归于计算机病毒，也可能有别的原因。例如，自己意识不到的错误操作，软硬件故障或编程时程序设计逻辑错误造成的异常结果等。对此应加以仔细识别和排除。

（3）防范计算机病毒的措施主要有：

① 严禁使用来历不明的程序。如邮件中的陌生附件、外挂程序等。外来程序若需装入本系统，必须经过严格的检测和测试。不要随便点击打开 QQ、MSN 等聊天工具上发来的链接信息。

② 避免将各种游戏软件装入计算机系统。游戏盘常常带有病毒，使用时要格外慎重。

③ 不能随意将本系统与外界系统接通，以免当其他系统的程序和数据在本系统使用时，计算机病毒乘虚而入。

④ 对于系统软件应加上写保护，并注意对可执行程序或重要数据文件给予写保护。

⑤ 对重要软件采用加密保护措施，文件运行时先解密。若感染上病毒，往往不能正常解密，从而起到预防作用。

⑥ 经常对系统中程序进行比较测试和检查，及时检测病毒是否侵入。

⑦ 对重要程序或数据经常做备份。特别是硬盘上的重要参数区域（如主引导记录、文件分配表、根目录区等）以及自己的工作文件和数据，要经常备份，以便系统遭到破坏时能及时恢复，把损失降低到最小限度。

⑧ 不做非法复制操作。最好不要在公共机房或网吧的计算机上复制文件。

⑨ 尽量做到专机专用、专盘专用。

⑩ 必要时在系统中装入防病毒卡和防病毒软件，经常更新杀毒软件（病毒库），可设置为每天定时自动更新。安装并使用网络防火墙软件。

⑪ 给系统安装补丁程序。通过 Windows Update 安装好系统补丁程序（关键更新、安全更新和 ServicePack），不要随意访问来源不明的网站。

⑫ 局域网的计算机用户尽量避免创建可写的共享目录，已经创建共享目录的应立即停止共享。

⑬ 关闭一些不需要的服务，如关闭自动播放功能。完全单机的用户也可直接关闭 Server 服务。

⑭ 不要使用弱密码。

⑮ 不要从不受信任的网站下载应用程序和ActiveX控件。

⑯ 不要从未经授权的可移动媒体运行应用程序。

7. 计算机抗病毒技术

计算机抗病毒技术有两类，即抗病毒硬件技术和抗病毒软件技术。

1）抗病毒硬件技术

防病毒卡将检测病毒的程序固化在硬卡中，主要用来检测和发现病毒，可以有效地防止病毒进入计算机系统。防病毒卡的主要优点在于其本身有防御病毒攻击及自我保护的能力；缺点在于其占用系统硬件资源，且升级困难。有的防病毒卡为了便于升级，引入了软件的辅助方法，从而增加了受病毒攻击的可能性和危险性。

2）抗病毒软件技术

抗病毒软件相对防病毒卡而言，其优点主要在于升级方便且成本低廉，操作简单；缺点在于抗病毒软件本身易受病毒程序攻击，安全性和有效性受到限制。

任务四　新一代信息技术

任务描述

近年来，信息技术的发展可谓风起云涌，相继出现了诸如物联网、云计算、大数据、移动互联网、"互联网＋"、人工智能、区块链等一系列新名词和新技术，它们是信息化发展的主要趋势，下面简单介绍一下这些内容。

任务实施

1. 物联网

物联网（The Internet of Things）是指通过信息传感设备，按约定的协议，将任何物品与互联网相连接，进行信息交换和通信，以实现智能化识别、定位、跟踪、监控和管理的一种网络。物联网主要解决物品与物品（Thing to Thing，T2T）、人与物品（Human to Thing，H2T）、人与人（Human to Human，H2H）之间的互连。

物联网包含两层意思：

其一，物联网的核心和基础仍然是互联网，是在互联网基础上的延伸和扩展的网络；

其二，物联网是把用户端延伸和扩展到了任何物品与物品之间的信息交换和通信。

凯文·凯利在其《必然》一书中预言，未来，互联网将延伸到物质、延伸进时间和空间，数字世界会极度膨胀。仅互联网而言（相对2050年），现在什么都还没有发生呢！

在物联网应用中有两项关键技术：

1）传感器

传感器（Senor）是一种检测装置，能感受到被测量的信息，并能将检测感受到的信息，按一定规律变换成为电信号或其他所需形式的信息输出，以满足信息的传输、处理、存储、显示、记录和控制等要求。在计算机系统中，传感器的主要作用是将模拟信号转换成数字信号。

射频识别（Radio Frequency Identification, RFID）是物联网中使用的一种传感器技术，可通过无线电信号识别特定目标并读写相关数据，而无需识别系统与特定目标之间建立机械或光学接触。RFID具有远距离读取、高存储容量、成本高、可同时被读取、难复制、可工作于各种恶劣环境等特点，典型的应用就是汽车ETC（Electronic Toll Collection，电子不停车收费系统）。

2）嵌入式技术

嵌入式技术是综合了计算机软硬件、传感器技术、集成电路技术、电子应用技术为一体的复杂技术。经过几十年的演变，以嵌入式系统为特征的智能终端产品随处可见；小到人们身边的MP3，大到航天航空的卫星系统。如果将物联网用人体做一个简单比喻，传感器相当于人的眼睛、鼻子、皮肤等感官；网络就是神经系统，用来传递信息；嵌入式系统则是人的大脑，在接收到信息后要进行分类处理。

物联网从架构上面可以分为感知层、网络层和应用层如图3-22所示。

图3-22　物联网的层次

感知层由各种传感器构成，包括温湿度传感器、二维码标签、RFID标签和读写器、摄像头、GPS等。感知层是物联网识别物体、采集信息的来源，是实现物联网全面感知的核心能力。

网络层由各种网络，包括互联网、广电网、网络管理系统和云计算平台等组成，是整个物联网的中枢，负责传递和处理感知层获取的信息。

应用层是物联网发展的根本目标。将物联网技术与行业信息化需求相结合，实现物联网的智能应用。

2.云计算

云计算（Cloud Computing）是一种基于互联网的计算方式，通过这种方式，在网络上配置为共享的软件资源、计算资源、存储资源和信息资源可以按需求提供给网上终端设备和终端用户。云计算也可以理解为向用户屏蔽底层差异的分布式处理架构，在云计算环境中，用户与实际服务提供的计算资源相分离，云端集合了大量计算设备和资源，如图3-23所示。

云计算通常通过互联网来提供动态易扩展而且经常是虚拟化的资源，并且计算能力也可作为一种资源通过互联网流通。

云计算特点：宽带网络连接、快速、按需、弹性的服务。

客户端可以根据需要，动态申请计算、存储和

图3-23　云计算

应用服务，在降低硬件、开发和运维成本的同时，大大拓展了客户端的处理能力。云计算通过网络提供可动态伸缩的廉价计算能力。如：12306就用阿里云解决春运期间短期爆发式增长的服务。

从对外提供的服务能力来看，云计算的架构可以分为3个层次（服务层次类型）：

（1）基础设施即服务（Infrastructure as a Service，IaaS）。IaaS向用户提供计算能力、存储空间等基础设施方面的服务。这种服务模式需要较大的基础设施投入和长期运营管理经验（典型的厂家有Amazon、阿里云等）。

（2）平台即服务（Platform as a Service，PaaS）。PaaS向用户提供虚拟的操作系统、数据库管理系统、Web应用等平台化的服务。PaaS服务的重点不在于直接的经济效益，而更注重构建和形成紧密的产业生态（典型厂家有Google App Engine、Microsoft Azure、阿里Aliyun Cloud Engine、百度Baidu App Engine等）。

（3）软件即服务（Software as a Service，SaaS）。SaaS向用户提供应用软件（如CRM、办公软件等）、组件、工作流等虚拟化软件的服务，SaaS采用Web技术和SOA架构，通过Internet向用户提供多租户、可定制的应用能力，大大缩短了软件产业的渠道链条，减少了软件升级、定制和运行维护的复杂程度，并使软件提供商从软件产品的生产者转变为应用服务的运营者（如国外的Saleforce，金蝶精斗云、用友好会计等）。

3. 大数据

大数据（Big Data）指无法在一定时间范围内用常规软件工具进行捕捉、管理和处理的数据集合，是需要新处理模式才能具有更强的决策力、洞察发现力和流程优化能力的海量、高增长率和多样化的信息资产。大数据像水、矿石、石油一样，正在成为新的自然资源。

大数据是有5V特点：

（1）大量（Volume）。大量指数据体量巨大，从TB级别跃升到PB级别（1 PB = 1024

TB）、EB级别（1 EB = 1024 PB），甚至于达到ZB级别（1 ZB = 1024 EB），这是大数据特征最重要的一项。

（2）多样（Variety）。多样指数据类型繁多。这种类型的多样性也让数据被分为结构化数据和非结构化数据。

（3）价值（Value）。价值指价值密度低。价值密度的高低与数据总量的大小成反比。如何通过强大的机器算法更迅速地完成数据的价值"提纯"是亟待解决的难题，也是大数据技术的核心价值之一。

（4）高速（Velocity）。高速指处理速度快。这是大数据区分于传统数据挖掘的最显著特征。

（5）真实性（Veracity）。真实性指数据来自于各种、各类信息系统网络以及网络终端的行为或痕迹。

大数据是以容量大、类型多、存取速度快、应用价值高为主要特征的数据集合，正快速发展为数量巨大、来源分散、格式多样的数据进行采集、存储和关联分析，从中发现新知识、创造新价值、提升新能力的新一代信息技术和服务业态。

大数据的战略意义是实现数据的增值，具有"数据之和的价值远远大于各数据价值的和"的特点，要实现大数据的增值，必须经过对大数据的专业化处理。

大数据应用实例：

（1）大数据征信（阿里的芝麻信用）。

（2）大数据风控（多头贷款监控）。

（3）大数据消费金融（百度金融、阿里花呗、腾讯微粒贷）。

（4）大数据财富管理（余额宝）。

（5）大数据疾病预测（利用搜索数据和位置，统计疾病时间和地点分布）。

4. 移动互联

移动互联是移动互联网的简称，它是通过将移动通信与互联网二者结合到一起而形成的。用户使用手机、上网本、笔记本电脑、平板电脑、智能本等移动终端，通过移动网络获取移动通信网络服务和互联网服务，使人们可以享受一系列的信息服务带来的便利。

移动互联网的关键技术包括架构技术SOA、页面展示技术Web2.0和HTML5以及主流开发平台Android、iOS和Windows Phone。

移动互联网的核心是互联网，因此一般认为移动互联网是桌面互联网的补充和延伸，应用和内容仍是移动互联网的根本。

移动互联网有以下特点：

（1）终端移动性。移动互联网业务使得用户可以在移动状态下接入和使用互联网服务，移动的终端便于用户随身携带和随时使用。

（2）业务使用的私密性。在使用移动互联网业务时，所使用的内容和服务更私密，如手机支付业务等。

（3）终端和网络的局限性。移动互联网业务在便携的同时，也受到了来自网络能力和终端能力的限制：在网络能力方面，受到无线网络传输环境、技术能力等因素限制；在终端能力方面，受到终端大小、处理能力、电池容量等的限制。

（4）业务与终端、网络的强关联性。由于移动互联网业务受到了网络及终端能力的限制，因此，其业务内容和形式也需要适合特定的网络技术规格和终端类型。

（5）浏览器竞争及孤岛问题突出。孤岛问题主要是移动互联在应用与应用方面之间的干扰问题，这类问题若得不到有效的解决，就会给整个行业生产成本造成严重影响。

5. 人工智能（AI）

人工智能是研究使计算机来模拟人的某些思维过程和智能行为（如学习、推理、思考、规划等）的学科，主要包括计算机实现智能的原理、制造类似于人脑智能的计算机，使计算机能实现更高层次的应用。人工智能将涉及计算机科学、心理学、哲学和语言学等学科。

（1）研究范畴：自然语言处理、知识表现、智能搜索、推理、规划、机器学习、知识获取、组合调度问题、感知问题、模式识别、逻辑程序设计软计算、不精确和不确定的管理、人工生命、神经网络、复杂系统、遗传算法。

（2）实际应用：机器视觉、指纹识别、人脸识别、视网膜识别、虹膜识别、掌纹识别、专家系统、自动规划、智能搜索、定理证明、博弈、自动程序设计、智能控制、机器人学、语言和图像理解、遗传编程等。

6. 区块链

区块链本质上是不可篡改和不可伪造的分布式账本，原是比特币的一个重要概念。区块链是分布式数据存储、点对点传输、共识机制、加密算法等计算机技术的新型应用模式。区块链主要解决交易的信任和安全问题，有以下四个技术创新：

（1）分布式账本，就是交易记账由分布在不同地方的多个节点共同完成，而且每一个节点都记录的是完整的账本，因此它们都可以参与监督交易合法性，同时也可以共同为其作证。不同于传统的中心化记账方案，没有任何一个节点可以单独记录账目，从而避免了单一记账人被控制或者被贿赂而记假账的可能性。另一方面，由于记账节点足够多，理论上讲除非所有的节点被破坏，否则账目就不会丢失，从而保证了账目数据的安全性。

（2）非对称加密和授权技术。存储在区块链上的交易信息是公开的，但是账户身份信息是高度加密的，只有在数据拥有者授权的情况下才能访问到，从而保证了数据的安全和个人的隐私。

（3）共识机制，就是所有记账节点之间怎么达成共识，去认定一个记录的有效性，这既是认定的手段，也是防止篡改的手段。区块链提出了四种不同的共识机制，适用于不同的应用场景，在效率和安全性之间取得平衡。以比特币为例，采用的是工作量证明，只有在控制了全网超过51%的记账节点的情况下，才有可能伪造出一条不存在的记录。当加入区块链的节点足够多的时候，这基本上不可能，从而杜绝了造假的可能。

（4）智能合约，是基于这些可信的不可篡改的数据，可以自动化地执行一些预先定义好的规则和条款。

区块链的种类可以分为：

（1）公有链。世界上任何个体或者团体都可以发送交易，且交易能够获得该区块链的有效确认，任何人都可以参与其共识过程。公有链是最早的区块链，也是目前应用最广泛的区块链，各大bitcoins系列的虚拟数字货币均基于公有区块链，世界上有且仅有一条该币种对应的区块链，属于非许可链。

（2）私有链。严格限制参与节点，可以是一个公司独享该区块链的写入权限，使用区块链的总账技术进行记账。私有链的应用场景一般是企业内部的应用，如数据库管理、审计等；在政府行业也会有一些应用，比如政府的预算和执行。私有链的价值主要是提供安全、可追溯、不可篡改、自动执行的运算平台，可以同时防范来自内部和外部对数据的安全攻击，属于许可链。

（3）联盟链。由某个群体内部（如行业联盟）指定多个预选的节点为记账人，每个块的生成由所有的预选节点共同决定（预选节点参与共识过程），其他接入节点可以参与交易，但不过问记账过程（本质上还是托管记账，只是变成分布式记账，预选节点的多少，如何决定每个块的记账者成为该区块链的主要风险点），其他任何人可以通过该区块链开放的API进行限定查询，属于许可链。

区块链应用包括：智能合约、证券交易、电子商务、物联网、社交通信、文件存储、存在性证明、身份验证、股权众筹等。

视频

Internet 基本操作

实训 Internet 基本操作

一、实训目的

（1）掌握Internet网络的设置。

（2）掌握IE浏览器的使用及设置。

（3）掌握搜索引擎的使用。

（4）掌握使用Outlook 2016收发电子邮件的方法。

二、实训内容

（1）在D盘建立学生文件夹，命名为"学号＋姓名"。

（2）在学生文件夹下新建WB1.txt文本文档，内容为：

IP地址：

网关：

（3）IE浏览器的使用及设置。

① 启动IE浏览器。

② 将www.hao123.com设置为主页。

③ 浏览网页，将该网页添加到收藏夹中，并将该网页的全部文本以文件名WB.txt保存到学生文件夹中，该网页的其中一张图片以文件名PIC.jpg保存到学生文件夹中。

④ 使用百度搜索引擎，搜索"柳州铁道职业技术学院主页"。

⑤ 申请免费电子邮箱，收发电子邮件。

⑥ 使用Outlook 2016收发电子邮件：

收件人地址：LTZY@126.COM

主题：□□□稿件

正文如下：

编辑同志：您好！

现将文件发给您，见附件，收到请回信。

此致

敬礼！

（学生姓名）

2020年6月22日

⑦ 将学生文件夹中的PIC.jpg文件作为电子邮件的附件。

⑧ 发出电子邮件。

⑨ 将电子邮件以"□□□稿件"为文件名另存到学生文件夹中。

三、实训步骤提示

（1）在D盘下建立学生文件夹，名为"学号＋姓名"（如：01王红）。

打开D盘，在空白处右击，选择"新建"→"文件夹"命令，输入"学号＋姓名"的文件夹名称。

（2）在学生文件夹下新建WB1.txt文本文档，内容为：

IP地址：

网关：

① 打开学生文件夹，在空白处右击，选择"新建"→"文本文档"命令，如图3-24所示。

② 在"新建文本文档.txt"的名称框内输入文件名WB1.txt，按【Enter】键，建立一个名为WB1.txt的空白文档。

③ 右击桌面图标"网络"，选择"属性"命令，打开"网络连接"窗口，右击"本地连接"，选择"属性"命令，弹出"本地连接属

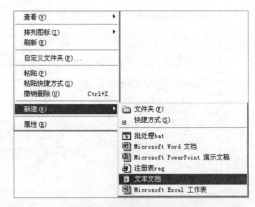

图3-24　新建文本文档

性"对话框，如图3-25所示。

④ 双击"Internet 协议版本4（TCP/IPv4）"，弹出图3-26所示对话框，将"IP地址"与"默认网关"记录下来。

⑤打开WB1.txt文档，将记录的"IP地址"与"默认网关"输入，单击"关闭"按钮，在弹出的对话框中单击"是"按钮，将文本内容保存。

（3）IE浏览器的使用及设置。

① 启动IE浏览器。双击桌面上的IE浏览器图标，启动IE浏览器。

图3-25　"本地连接 属性"对话框

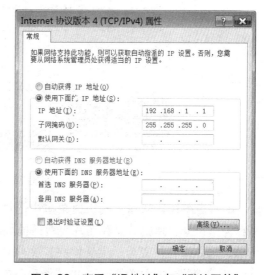

图3-26　查看"IP地址"与"默认网关"

② 将www.hao123.com设置为主页。选择"工具"→"Internet选项"命令，弹出"Internet选项"对话框，选择"常规"选项卡，在"主页"文本框中输入http://www.hao123.com，单击"确定"按钮，如图3-27所示。

③ 浏览网页，将某网页添加到收藏夹中，并将该网页的全部文本以文件名WB.txt保存到学生文件夹中，该网页的图片以文件名PIC.jpg保存到学生文件夹中。

a.任意打开某一网页，如图3-28所示。

b.选择"收藏"→"添加到收藏夹"命令，弹出"添加收藏"对话框，单击"确定"按钮，如图3-29所示。

c.选择"文件"→"另存为"命令，弹出"保存网页"对话框如图3-30所示，选择保存位置为学生文件夹，文件名为WB，保存类型

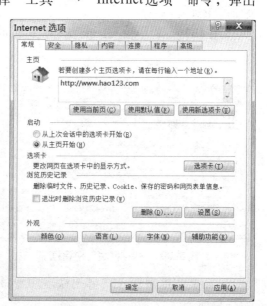

图3-27　"Internet选项"对话框

为"文本文件（*.txt）"，单击"保存"按钮。

图3-28 打开的网页

d.右击图片，从弹出的快捷菜单中选择"图片另存为"命令，弹出"保存图片"对话框如图3-31所示，选择保存位置为学生文件夹，文件名为PIC.jpg，保存类型为默认类型，单击"保存"按钮。

④ 使用百度搜索引擎，搜索"柳州铁道职业技术学院主页"。

图3-29 "添加收藏"对话框

a.在IE地址栏中输入http://www.baidu.com，按【Enter】键。

图3-30 "保存网页"对话框

图3-31 "保存图片"对话框

b.在文本框中输入"柳州铁道职业技术学院主页"，单击"百度一下"按钮，如图3-32所示。

图3-32　百度搜索引擎

⑤ 申请免费电子邮箱，收发电子邮件。

a. 在IE地址栏中输入http://www.163.com并按【Enter】键，弹出图3-33所示的界面。

图3-33　网易主页

b. 单击"注册免费邮箱"按钮，弹出图3-34所示的界面，按要求输入相关信息，单击"立即注册"按钮。

c. 创建成功后，打开电子邮箱，进行邮件的收发。

⑥ 使用Outlook 2016收发电子邮件。

收件人地址：LTZY@126.COM

主题：□□□稿件

图3-34 申请电子邮箱

正文如下：

编辑同志：您好！

  现将文件发给您，见附件，收到请回信。

此致

  敬礼！

（学生姓名）

2020年6月22日

a.选择"开始"→"所有程序"→Outlook 2016命令，打开"Outlook 2016"主界面，如图3-35所示。

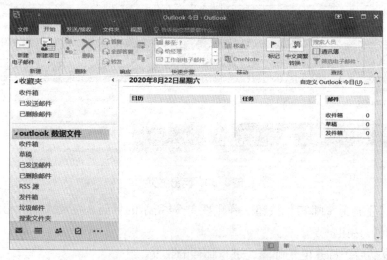

图3-35 "Outlook 2016"主界面

b.单击"新建电子邮件"按钮，打开新邮件窗口，输入相关内容，弹出图3-36所示的窗口。

⑦将学生文件夹中的PIC.jpg文件作为电子邮件的附件。

选择"邮件"→"添加"→"附加文件"命令，弹出"插入附件"对话框，选定PIC.jpg文件，单击"插入"按钮，如图3-37所示。

⑧ 发出电子邮件。在图3-36所示的新邮件窗口中，单击"发送"按钮，在本地计算机已经连网的状态下，将邮件发出。

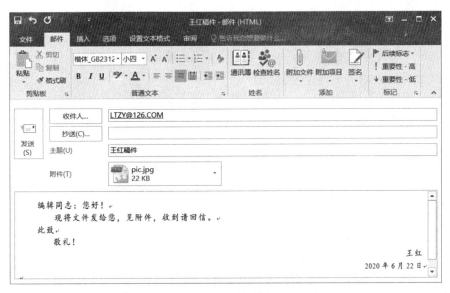

图3-36　编辑邮件窗口

⑨ 将电子邮件以"□□□稿件"为文件名另存到学生文件夹中。

a.选择"文件"→"另存为"命令，弹出"邮件另存为"对话框。

b.在"保存在"下拉列表框中选择D盘，双击你的文件夹；在"文件名"文本框中输入该文件的名字"□□□稿件"；在"保存类型"下拉列表框中选择"邮件（*.msg）"；单击"保存"按钮，将邮件保存到学生文件夹，如图3-38所示。

图3-37　"插入附件"对话框

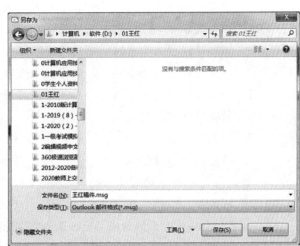

图3-38　"邮件另存为"对话框

习 题

一、选择题

1. 广域网和局域网是按照（　　　）来分的。

   A. 网络使用者　　　　　　　　　　　B. 信息交换方式

   C. 网络作用范围　　　　　　　　　　D. 传输控制协议

2. 域名系统DNS的作用是（　　　）。

   A. 存放主机域名　　　　　　　　　　B. 存放IP地址

   C. 存放邮件的地址表　　　　　　　　D. 将域名转换成IP地址

3. FTP是指（　　　）。

   A. 远程登录　　　　　　　　　　　　B. 网络服务器

   C. 域名　　　　　　　　　　　　　　D. 文件传输协议

4. 计算机网络的目标是实现（　　　）。

   A. 数据处理　　　　　　　　　　　　B. 文献检索

   C. 资源共享和信息传输　　　　　　　D. 信息传输

5. Internet中不同网络和不同计算机相互通讯的协议是（　　　）。

   A. NovCll　　　　B. ATM　　　　C. X25　　　　D. TCP/IP

6. 在计算机网络中，英文缩写WAN的中文名是（　　　）。

   A. 局域网　　　　　　　　　　　　　B. 无线网

   C. 广域网　　　　　　　　　　　　　D. 城域网

7. 根据域名代码规定，表示非营利性组织网站的域名代码是（　　　）。

   A. .net　　　　B. .com　　　　C. .gov　　　　D. .org

8. 就计算机网络分类而言，下列说法中规范的是（　　　）。

   A. 网络可以分为光缆网、无线网、局域网

   B. 网络可以分为公用网、专用网、远程网

   C. 网络可以分为局域网、广域网、城域网

   D. 网路可以分为数字网、模拟网、通用网

9. TCP协议的主要功能是（　　　）。

   A. 对数据进行分组　　　　　　　　　B. 确保数据的可靠传输

   C. 确定数据传输路径　　　　　　　　D. 提高数据传输速度

10. 域名与IP地址是通过（　　　）服务器相互转换的。

    A. WWW　　　　B. DNS　　　　C. E-MAil　　　　D. FTP

11. 如果一个WWW站点的域名地址是WWW.sjtu.edu.cn，则它一定是（　　　）的站点。

    A. 美国　　　　B. 中国　　　　C. 英国　　　　D. 日本

12. Internet的中文含义是（　　　）。

A．因特网　　　　　B．城域网　　　　　C．互联网　　　　　D．局域网

13. HTTP 是（　　　）。

   A．网址　　　　　　　　　　　B．超文本传输协议

   C．域名　　　　　　　　　　　D．高级语言

14. 下列 IP 地址中，可能正确的是（　　　）。

   A．172.16.55.69　　　　　　　B．202.116.256.10

   C．10.215.215.1.3　　　　　　D．192.168.5

15. 如果一个 WWW 站点的域名地址是 www.bju.edu.cn，则它是 _____ 站点。

   A．教育部门　　　　　　　　　B．政府部门

   C．商业组织　　　　　　　　　D．以上都不是

16. 在计算机网络中，通常把提供并管理共享资源的计算机称为（　　　）。

   A．路由器　　　　　　　　　　B．网关

   C．工作站　　　　　　　　　　D．服务器

17. LAN 是（　　　）的英文缩写。

   A．城域网　　　　　　　　　　B．网络操作系统

   C．局域网　　　　　　　　　　D．广域网

18. 计算机网络的主要功能包括（　　　）。

   A．日常数据收集、数据加工处理、数据可靠性、分布式处理

   B．数据通信、资源共享、数据管理与信息处理

   C．图片视频等多媒体信息传递和处理、分布式计算

   D．数据通信、资源共享、提高可靠性、分布式处理

19. 目前网络的有形的传输介质中传输速率最高的是（　　　）。

   A．双绞线　　　　　B．同轴电缆　　　　　C．光缆（纤）　　　　D．电话线

20. 计算机网络是按照（　　　）相互通信的。

   A．信息交换方式　　　　　　　B．传输装置

   C．网络协议　　　　　　　　　D．分类标准

21. 下列网络属于广域网的是（　　　）。

   A．校园网

   B．通过电信从长沙到北京的计算机网络

   C．两用户之间的对等网

   D．电脑游戏中的游戏网

22. 局域网使用的数据传输介质有同轴电缆、光缆和（　　　）。

   A．电话线　　　　　B．双绞线　　　　　C．总线　　　　　D．电缆线

23. IP 地址 132.166.64.10 中，代表网络号的部分是（　　　）。

   A．132　　　　　B．132.166　　　　　C．132.166.64　　　　　D．10

24. E-mail 邮件本质上是（　　　）。

A. 一个文件　　　B. 一份传真　　　C. 一个电话　　　D. 一个电报

25. 以下关于访问Web站点的说法正确的是（　　　）。

    A. 只能输入IP地址　　　　　　　　B. 需同时输入IP地址和域名

    C. 只能输入域名　　　　　　　　　D. 可以输入IP地址或输入域名

26. 下列各项中，正确的电子邮箱地址是（　　　）。

    A. TT202#yahoo.com　　　　　　　B. K201&yahoo.com.cn

    C. L202@sina.com　　　　　　　　D. 112.256.23.8

27. 电子邮件是Internet应用最广泛的服务项目，通常采用的传输协议是（　　　）。

    A. SMTP　　　　　　　　　　　　B. TCP/IP

    C. CSMA/CD　　　　　　　　　　D. IPX/SPX

28. 电子邮箱的地址由（　　　）。

    A. 用户名和主机域名两部分组成，它们之间用符号"@"分隔

    B. 主机域名和用户名两部分组成，它们之间用符号"@"分隔

    C. 主机域名和用户名两部分组成，它们之间用符号"."分隔

    D. 用户名和主机域名两部分组成，它们之间用符号"."分隔

29. 下列关于电子邮件的叙述中，正确的是（　　　）。

    A. 如果收件人的计算机没有打开时，发件人发来的电子邮件将丢失

    B. 如果收件人的计算机没有打开时，发件人发来的电子邮件将退回

    C. 如果收件人的计算机没有打开时，当收件人的计算机打开时再重发

    D. 发件人发来的电子邮件保存在收件人的电子邮箱中，收件人可随时接收

30. 下列关于计算机病毒的说法中，正确的是（　　　）。

    A. 计算机病毒是一种有损计算机操作人员身体健康的生物病毒

    B. 计算机病毒发作后，将造成计算机硬件永久性的物理破坏

    C. 计算机病毒是一种通过自我复制进行传染的、破坏计算机程序和数据的小程序

    D. 计算机病毒是一种有逻辑错误的程序

31. 为了防止计算机病毒的感染，应该做到（　　　）。

    A. 干净的U盘不要与来历不明的U盘放在一起

    B. 长时间不用的U盘要经常格式化

    C. 不要复制来历不明的U盘上的程序（文件）

    D. 对U盘上的文件要进行重新复制

32. 防火墙（Firewall）的作用是（　　　）。

    A. 防止网络硬件着火

    B. 防止网络系统被破坏或被非法使用

    C. 保护外部用户免受网络系统的病毒侵入

    D. 检查进入网络中心的每一个人，保护网络

33. 3层结构类型的物联网不包括（　　　）。

A. 感知层   B. 网络层   C. 应用层   D. 会话层

34. RFID 属于物联网的（   ）。

A. 感知层   B. 网络层   C. 应用层   D. 业务层

35. SaaS 是（   ）的简称。

A. 基础设施即服务   B. 平台即服务

C. 软件即服务   D. 硬件即服务

36. 大数据最显著的特征是（   ）。

A. 数据规模大   B. 数据类型多样

C. 数据处理速度快   D. 数据价值密度高

37. 大数据技术的战略意义不在于掌握庞大的数据信息，而在于对这些有意义的数据进行（   ）。

A. 数据信息   B. 速度处理

C. 专业化处理   D. 内容处理

38. 移动智能终端的产品形态不包括（   ）。

A. 手机   B. 笔记本电脑

C. 平板电脑   D. 个人电脑

39. 在人工智能中，主要研究计算机如何自动获取知识和技能，实现自我完善，这门研究分支学科称为（   ）。

A. 专家系统   B. 机器学习

C. 神经网络   D. 模式识别

二、判断题

1. 在电子邮件接收与发送时，要遵循两个协议，一个是 SMTP，一个是 POP3。（   ）

2. 电子邮箱的账号由两部分组成，前面是服务器名，后面是用户名，之间用 @ 连接。（   ）

3. 计算机病毒主要通过读/写移动存储器或 Internet 网络进行传播。（   ）

4. 计算机网络是计算机技术与信息技术相结合的产物。（   ）

5. Internet 采用的通信协议是 HTTP。（   ）

6. 移动互联网是通过将移动通信与互联网二者融合的产物。（   ）

7. 人工智能将涉及到计算机科学、心理学、哲学和语言学等学科。（   ）

8. 云计算通常通过互联网来提供动态易扩展而且经常是虚拟化的资源，但计算能力不能作为一种资源通过互联网流通。（   ）

9. 大数据像水、矿石、石油一样，正在成为新的自然资源。（   ）

10. 区块链不能解决交易的信任和安全问题。（   ）

应用篇

项目四

Word 2016 文字处理软件及应用

办公领域是计算机应用最广泛的领域，为了实现办公自动化，微软公司专门开发了 Office 办公软件，该办公软件是套装软件，有若干个组件，组件中的 Word 软件是其重要组件，主要用于文字处理，目前文字处理的主流软件是 Office 2016 中的 Word 2016 软件，这款软件不仅可以处理文字，也可以处理图形和表格，如信函、学术论文、报告、备忘录、传真等文档都可以用它制作。

学习目标

（1）掌握 Word 2016 文字处理软件的主要功能。
（2）掌握 Word 2016 文字处理软件的实际应用。

Word 2016 基础应用

▪视频

文本型文档的处理

任务一　文本型文档的处理

任务描述

制作图 4-1 所示的文档，要求：启动 Word 2016 软件后先将"文档1"文档另存为"我的演讲稿"文档，然后插入"大众创业和万众创新要从我做起"文档，文档的标题段设置为楷体、二号、红色、居中，并添加双画线，正文为宋体小四号字，正文中的"创业创新"设为加着重号的蓝色文字。而且第一、三、五、七段首行缩进 0.85 cm，第二、四、六段悬挂缩进 0.85 cm，各段段前段后 0.5 行，行距固定值 20 磅。第二段左分栏，栏间距 2.1 字符。整个文档设置成 A4 纸，纸张方向为纵向，上下页边距为 1.9 厘米，左右为

88

1.8厘米。页眉插入“我的演讲文档”文字，在页脚插入“-1-”格式的页码。

知识准备

使用Word 2016文字处理软件处理文本型文档要了解的知识要点。

1. 了解Word 2016软件的启动

选择“开始”→“所有程序”→“Microsoft Office”→“Microsoft Word 2016”命令，或双击桌面Word 2016快捷图标和Word 2016文档即可启动Word 2016软件。

2. 了解Word 2016软件的工作界面

启动后的Word 2016界面，如图4-2所示，由标题栏、选项卡与功能区、编辑区、状态栏等组成。

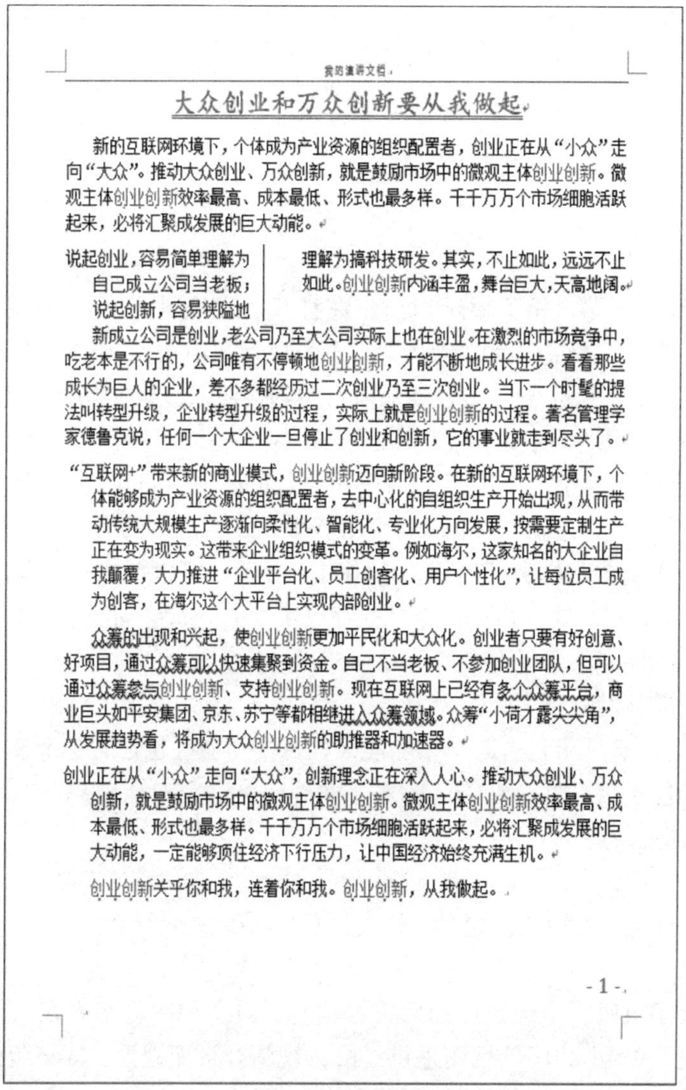

我的演讲文档

大众创业和万众创新要从我做起

新的互联网环境下，个体成为产业资源的组织配置者，创业正在从“小众”走向“大众”。推动大众创业、万众创新，就是鼓励市场中的微观主体创业创新。微观主体创业创新效率最高、成本最低、形式也最多样。千千万万个市场细胞活跃起来，必将汇聚成发展的巨大动能。

说起创业，容易简单理解为自己成立公司当老板；说起创新，容易狭隘地理解为搞科技研发。其实，不止如此，远远不止如此。创业创新内涵丰盈，舞台巨大，天高地阔。

新成立公司是创业，老公司乃至大公司实际上也在创业。在激烈的市场竞争中，吃老本是不行的，公司唯有不停顿地创业创新，才能不断地成长进步。看看那些成长为巨人的企业，差不多都经历过二次创业乃至三次创业。当下一个时髦的提法叫转型升级，企业转型升级的过程，实际上就是创业创新的过程。著名管理学家德鲁克说，任何一个大企业一旦停止了创业和创新，它的事业就走到尽头了。

“互联网+”带来新的商业模式，创业创新迈向新阶段。在新的互联网环境下，个体能够成为产业资源的组织配置者，去中心化的自组织生产开始出现，从而带动传统大规模生产逐渐向柔性化、智能化、专业化方向发展，按需要定制生产正在变为现实。这带来企业组织模式的变革。例如海尔，这家知名的大企业自我颠覆，大力推进“企业平台化、员工创客化、用户个性化”，让每位员工成为创客，在海尔这个大平台上实现内部创业。

众筹的出现和兴起，使创业创新更加平民化和大众化。创业者只要有好创意、好项目，通过众筹可以快速集聚到资金。自己不当老板、不参加创业团队，但可以通过众筹参与创业创新、支持创业创新。现在互联网上已经有多个众筹平台，商业巨头如平安集团、京东、苏宁等都相继进入众筹领域。众筹“小荷才露尖尖角”，从发展趋势看，将成为大众创业创新的助推器和加速器。

创业正在从“小众”走向“大众”，创新理念正在深入人心。推动大众创业、万众创新，就是鼓励市场中的微观主体创业创新。微观主体创业创新效率最高、成本最低、形式也最多样。千千万万个市场细胞活跃起来，必将汇聚成发展的巨大动能，一定能够顶住经济下行压力，让中国经济始终充满生机。

创业创新关乎你和我，连着你和我。创业创新，从我做起。

- 1 -

图4-1 文档样式效果

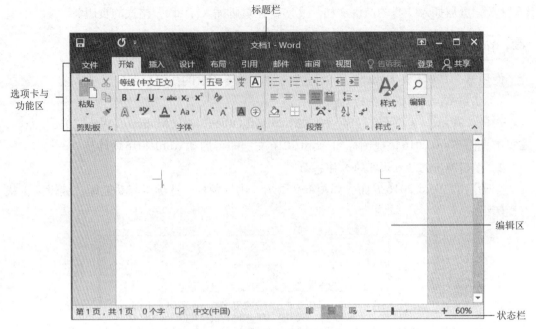

图4-2　Word 2016工作界面

1）标题栏

位于Word界面顶端，用于显示当前正在打开的文档名称，其左端是快速访问工具栏，初始由"保存"、"撤销"和"恢复"3个快捷按钮组成，用户可以添加快速访问工具或改变快速访问工具栏的位置。右端是窗口控制按钮，包含"功能区显示选项""最小化""最大化/向下还原""关闭"4个按钮。"最小化"按钮使Word最小化到Windows任务栏中，"最大化/向下还原"按钮可以让Word界面布满Windows系统任务栏以外的区域或者还原到之前大小，"关闭"按钮表示退出Word软件。如果用户不习惯这样大的操作界面，想要把功能区隐藏起来，当需要使用时才显示，可以单击"功能区显示选项"按钮进行切换，也可以在功能区右击，选择快捷菜单中的"折叠功能区"命令即可实现。

2）选项卡与功能区

选项卡位于标题栏的下方，共有开始、插入、设计、布局、引用、邮件、审阅、视图8个选项卡，每个选项卡包含若干个功能区，每个功能区包含若干个选项组，每个选项组包含若干个功能选项。部分功能区的右下角处还有一个对话框启动器，用于打开存放更多功能的对话框。

3）编辑区

在此区域进行文字的输入、编辑、格式化和排版等操作。

4）状态栏

状态栏包含了页码、字数统计和语言等信息，以及视图显示方式、显示比例和缩放滑块等控制按钮。Word 2016的视图提供了阅读视图、页面视图、Web版式视图、大纲和草稿等多种模式，其中"页面视图"模式是Word默认的视图模式，在"页面视图"模式下，可以进行Word的一切操作，不同的视图可利用窗口右下角自定义状态栏上的视图切换按钮选择，也可以打开"视图"选项卡，在"视图"选项卡中的"视图"组中单击想要使用的视图模式即可。

任务分析

Word 2016对文本型文档的处理一般包括文档创建、文本的输入、编辑、排版和页面设置等过程。

1. 文档的创建

文档的创建可以通过先启动Word 2016软件，然后在打开的窗口中建立新的空白文档、模板文档和打开现有文档等。另外，空白文档也可以通过右键快捷菜单建立。

2. 文本的输入

文本的输入一般没有特别的要求，要注意的是标点符号输入时要求中文标点符号必须是在中文标点输入状态下输入，英文标点符号则是在英文标点输入状态下输入，中文文本中出现的标点一般是中文标点符号，而公式和函数中出现的标点符号是英文标点符号，另外，特殊字符可以由键盘直接输入，也可以通过"插入"选项卡中的"符号功能区"中的"符号"选项插入所需符号。

3. 文本的编辑

文本的编辑主要包括对文本的选定、修改、删除、移动、复制和替换等。

1）选定文本

选定文本最常用的方法是：按住鼠标左键拖过欲选定的文本；或在欲选定文本的首部（或尾部）单击，然后按住【Shift】键，再在欲选定文本的尾部（或首部）单击即可。被选中的文本呈反相显示（黑底白字），此方法可选定任意长度的文本。在文档任意位置单击则可取消选定文本。除了上述选定文本的方法外，还可根据不同情形采用不同的选定方法：选定一个词，双击可选定一个默认的词；选定一句，按住【Ctrl】键，在句中任意位置单击；选定一行，将鼠标指针移到段落左侧的文本选定栏，此时鼠标指针变为向右的箭头，然后选中指针所指向的行，按住鼠标左键垂直方向拖动选定多行；选定一段，在段中任意位置三击鼠标左键；或在文本选定栏中，指向欲选定的段，双击；选定不连续的文本先选定第一个文本区域，然后按住【Ctrl】键，再选定其他的文本区域；选定垂直矩形文本，按【Alt】键，同时按住鼠标左键拖过欲选定的文本区域；选定整个文档，选择"开始"→"编辑"→"选择"→"全选"命令；或按住【Ctrl】键，然后在文本选定栏中单击，或在文本选定栏中三击鼠标左键。

2）修改、删除文本

选定文本后，此时输入新文本便可完成对选定文本的修改，或先将选定文本删除，然后再输入新文本。删除选定文本常用的方法：选择要删除的文本内容，按【Delete】键或【BackSpace】键，其中【BackSpace】键可删除光标前的一个字符，而【Delete】键可删除光标后的一个字符。

3）文本的移动与复制

文本移动是把一段文本从一个位置移动到另一个位置，文本复制是将文本的备份移动到某个位置。移动和复制常用的方法有命令法和鼠标法，命令法是用"剪切"按钮 ✂（或"复制"按钮 ▣），选定的文本内容则被送到剪贴板，然后将光标移到指定位置，单击该功能区中的"粘贴"按钮 ▣，选定的文本内容则从剪贴板移动（或复制）到新位置上；鼠标法是选择要移动（或复制）的文本内容，按住鼠标左键（或同时按住【Ctrl】键），即可将反相显示的文本内容移动（或复制）到新位置。

4）文本的查找和替换

文本的"查找和替换"是文档编辑中一个很实用的功能，利用它可以在一篇文档中快速地查找和替换文本内容（或文本格式）。在执行大型文档的编辑时，更能体现其快速的操作效率。"查找和替换"命令的使用方法是单击"开始"选项卡"编辑"组中的"查找"下拉按钮，选择"高级查找"选项，弹出图4-3所示的"查找和替换"对话框。

图4-3 "查找和替换"对话框

在"查找内容"文本框中输入要查找的文本，单击"查找下一处"按钮，可以看到文档中相应的文字会自动高亮显示，再次单击"查找下一处"按钮，可以继续查找，到达文档的最后位置，Word会提示是否返回开始处搜索，单击"是"按钮可以继续搜索。如果想一次查看文档中这些文字，可在"查找和替换"对话框中输入要查找的内容后单击"阅读突出显示"按钮，然后单击"全部突出显示"选项，或者单击"取消"按钮结束查找返回文档。如果要替换查找到的文本内容，选择"查找和替换"对话框中的"替换"选项卡，在"替换为"文本框中输入新文本内容，然后单击"替换"按钮，在此情况下系统每找到一处，需要用户确认替换，再查找下一处。如果单击"全部替换"按钮，则自动替换全部需替换的内容。

此外，也可以查找和替换文本格式，单击"查找和替换"对话框底部的"更多"按钮，在展开的对话框中，先将指针定位于"替换为"文本框中，然后单击"格式"按钮，设置相关替换格式，即可替换文本格式。

4. 文档的排版

文档的排版就是文档的格式化，可以使文档格式美观、规范、便于阅读。文档格式化包括：设置文字格式、设置段落格式、页面设置等。这些操作大多数可以通过"开始"选项卡"字体"组或"段落"组中的按钮实现。

1）文字格式化

文字格式设置就是对文档中不同文本设置不同的字体格式，一般文档的标题、小标题和正文的文字格式要求不同，需要分别对它们进行格式设置。文字格式的设置主要包括字体、字号、字形、字间距、颜色和效果设置。文字格式设置是在"开始"选项卡"字体"组中进行。

2）段落格式化

段落格式包括对齐方式、左右缩进和首行缩进、段前段后间距和行间距等，其中，段落对齐是指段落内容相对于文档边缘的对齐方式，包括"左对齐""居中""右对齐""两端对齐""分散对齐"，默认是"两端对齐"。段落缩进是指段落中的文本与左右页边距的距离，包括段落缩进方式有左侧缩进、右侧缩进、首行缩进和悬挂缩进4种。行间距是指段落中行与行之间的距离，而段落间距是指相邻段落之间的距离。段落格式化可以通过单击"开始"选项卡"段落"组中的对话框启动器按钮，在打开的"段落"对话框中进行设置。

5. 页面设置

页面设置主要包括设置纸张大小、页边距、分栏和版式等。通过选择"布局"选项卡"页面设置"组中的命令，即可进行页面设置。

任务实施

（1）启动 Word 2016 软件：选择"开始"→"所有程序"→"Microsoft Office"→"Microsoft Word 2016"命令。

（2）将"文档1"文档另存为"我的演讲稿"文档：在打开的 Word 2016窗口中，单击"文件"→"另存为"→"这台电脑"选项，并在弹出的面板中，将"文档1"改为"我的演讲稿"，单击"保存"按钮，回到文档窗口。

（3）插入"大众创业和万众创新要从我做起"文档：选择"插入"→"文本"→"对象"→"文件中的文字…"选项，弹出"插入文件"对话框，找到预先准备好的"大众创业和万众创新要从我做起"文档，双击该文档，即可将文本插入到"我的演讲稿"文档中。

（4）文档的标题段设置：选择标题"大众创业和万众创新要从我做起"，然后单击"开始"选项卡，在"字体"组中单击"字体"文本框右侧的下拉按钮，在弹出的列表框中选择"楷体"，单击"字号"文本框右侧的下拉按钮，在弹出的列表框中选择"二号"。单击 ▲ - 按钮，在弹出的下拉菜单中，选择红色。单击"下画线"按钮右侧的下拉按钮，在弹出的列表框中选择"双下划线"。

（5）文档的正文设置：选择文档正文，然后单击"开始"选项卡，在"字体"组中单击"字体"文本框右侧的下拉按钮，在弹出的列表框中选择"宋体"，单击"字号"文本框右侧的下拉按钮，在弹出的列表框中选择"四号"。

（6）正文中的"创业创新"着重号、蓝色文字设置：单击"开始"选项卡"编辑"组中"查找"选项的下拉按钮，选择"高级查找"选项，弹出图4-3所示的"查找和替换"对话框。然后在"查找内容"文本框中输入"创业创新"，单击"替换"选项卡，在"替换为"文本框中输入"创业创新"（见图4-3）。然后单击"查找和替换"对话框中的"更多"按钮，此时"更多"按钮变为"更少"按钮，将光标定位在"替换为"文本框中（或选定替换文本），然后单击"查找和替换"对话框底端的"格式"按钮，在弹出的菜单中选择"字体"命令，然后在弹出的"字体"对话框中设置"着重号、蓝色"，设置好后单击"确定"按钮即可。

特别注意：替换的格式一定要出现在"替换为："的下方。如果替换的格式出现在"查找内容："下方，则单击"不限定格式"按钮把格式去掉，再把光标放到"替换为："处再设置一次格式。

（7）第一、三、五、七段首行缩进0.85 cm设置：选定第一、三、五、七段，然后单击"开始"选项卡"段落"组中的对话框启动器按钮，在打开的"段落"对话框中的"缩进和间距"标签下，选择"缩进"组"特殊"下拉列表中的"首行"选项，并在"缩进值"微调框中输入"0.85厘米"。

（8）第二、四、六段悬挂缩进0.85 cm设置：选定第二、四、六段，然后单击"开始"选项卡"段落"组中的对话框启动器按钮，在打开的"段落"对话框中的"缩进和间距"标签下，选择"缩进"组"特殊"下拉列表中的"悬挂"选项，并在"缩进值"微调框中输入"0.85厘米"。

（9）各段段前段后0.5行，行距固定值20磅设置：选定各段，在"段落"对话框"缩进和间距"标签下的"间距"组设置"段前"为0.5行，"段后"为0.5行，"行距"选择"固定值"，"设置值"为20磅。

（10）第二段左分栏，栏间距2.1字符加分隔线设置：选择第二段，单击"布局"选项卡，在"页面设置"组中单击"栏"按钮，在弹出的下拉列表中单击"更多栏"命令。在弹出的"栏"对话框中选择"偏左"，勾选"分隔线"，在"间距"微调框中输入2.1字符。

（11）页面设置为A4，上下页边距为2.2 cm，左右页边距为2.2 cm：单击"布局"选项卡"页面设置"组中的对话框启动器按钮，弹出"页面设置"对话框，选择"纸张"选项卡，设置纸张大小，选择"页边距"选项卡，设置页边距。

（12）在页眉插入"我的演讲文档"文字，在页脚插入"-1-"格式的页码设置：选择"插入"选项卡，在"页眉和页脚"组中，单击"页眉"按钮。在"页眉"下拉列表中，选择一种合适的页眉样式"空白（三栏）"，并在页眉中的标题部分输入"我的演讲文档"，然后，单击"页眉和页脚工具/设计"选项卡"关闭"组中的"关闭页眉和页脚"按钮，关闭页眉编辑状态。依此方法，在"插入"选项卡"页眉和页脚"组中选择"页码"→"页码底端"→"普通数字3"选项，再在该组中选择"设置页码格式"选项，在弹出的"页码格式"对话框中选择"-1-"格式页码。

视频

图文型文档的处理

任务二　图文型文档的处理

💻 任务描述

修饰上述任务一的文本型文档，要求正文首字下沉2个字符，在第二段和第三段右侧间插入宣传图片"正能量"，大小设置为高和宽都为2.3 cm，版式为紧密型。在第三段和第四段左侧间插入宣传图片"创业"，在第四段和第五段右侧间插入宣传图片"创新"，大小设置为高3 cm和宽为4.62 cm，图片版式为紧密型。在第五段和第六段间插入艺术字"创业创新响应国家成就自己"，样式为"渐变填充-紫色，着色4，轮廓-着色4"，文本效果为"转换→弯曲→波形1"，大小设置高度为1 cm和宽度为12 cm，版式为紧密型，旋转15度。效果样式如图4-4所示。

图4-4　图文型文档样式

知识准备

Word不仅用于处理文本型文档，还常用于处理图文型文档，在文档中适当地插入一些图片和艺术字，可以使文档具有更好的可读性，并增强文档的表达效果。

1. 插入图片、艺术字和形状

1）插入来自文件的图片

把计算机中存储的某个图片文件插入文档中，可以按下面的方法进行操作：光标定位后，单击"插入"→"插图"→"图片"按钮，在下拉列表中选择插入图片来自"此设备"，在弹出的"插入图片"对话框中选择要插入的图片文件，单击"插入"按钮或者直接双击图片，所选择的图片即插入到文档指定的位置处。

2）插入艺术字

艺术字是使文档中的某些文字实现艺术效果，提高文档的观赏效果。在 Word 2016 文档中插入艺术字的方法是：光标定位后，单击"插入"→"文本"→"艺术字"下拉按钮，从弹出的下拉列表中选择一种要使用的艺术字样式，在弹出的"请在此放置您的文字"文本框中输入艺术字的内容即可，如果用户已事先选择了文本内容，则文本框会显示这些文字，此时不需要再输入文字。

3）插入形状

除了在文档中插入图片文件外，Word 2016 还为用户提供了手动绘制图形的功能。在 Word 中，可以插入线条、基本形状、流程图、星与旗帜、标注等自选图形对象，并可通过调整大小、旋转、设置颜色和组合各种图形来创建复杂的图形。画圆和正方形时要按住【Shift】键。也可以在画布中绘制图形，在画布中画的多个图形是一个整体，画布到哪里，这些图形就一起到哪里。方法是：光标定位后，单击"插入"→"插图"→"形状"下拉按钮，在弹出的下拉列表中选择工具，这时鼠标指针变为"＋"形状，按住鼠标左键拖动即可绘制图形。

2. 设置图片和艺术字格式

1）调整图片和艺术字大小

在文档中插入图片和艺术字后，通常由于图片大小、色彩等问题的影响，初始显示效果不是很好。为了满足文档的编辑要求，通常要调整图片的大小以适应要求。方法是选中图片和艺术字，移动鼠标指针到图片的边缘，当鼠标指针变为双向箭头时，单击并拖动鼠标快速更改图片的大小。要精确调整图片尺寸，单击"格式"→"大小"组中的对话框启动器按钮，弹出"布局"对话框，在"大小"选项卡中，可设置图片高度和宽度的精确尺寸，如果选择了"锁定纵横比"复选框，可以只输入高度和宽度中的任一项数值。

2）设置图片和艺术字环绕方式

图片和艺术字环绕方式是指文档中图片和艺术字与文字组合的方式，Word 提供了嵌入型、四周型、紧密型环绕、穿越型环绕、上下型环绕、衬于文字下方、浮于文字上方7

种环绕方式供用户选择，默认为"嵌入型"。设置环绕方式的方法是选中图片或艺术字，单击"图片工具/格式"→"排列"→"环绕文字"按钮，在下拉列表中即可设置图片环绕方式。也可在下拉列表中单击"其他布局选项"按钮，弹出"布局"对话框，在"文字环绕"选项卡中即可设置图片、艺术字环绕方式。

3）调整图片和艺术字与文字距离

如果设置图片和艺术字环绕方式后还不满意，用户可以设置图片与文字的距离。方法是：单击要设置环绕方式的图片，单击"图片工具/格式"→"排列"→"环绕文字"下拉按钮，在下拉列表中单击"其他布局选项"按钮，弹出"布局"对话框，在"文字环绕"选项卡中可设置图片和艺术字与文字的上、下、左、右距离。

任务分析

Word 2016对图文型文档处理通常包括：插入、编辑和格式化插入文档中的图片、艺术字和绘制的图形等。

任务实施

1. 第一段首字下沉2个字符

把光标移动到需要设置首字下沉的段落，单击使光标处于该段落，单击"插入"→"文本"→"首字下沉"按钮，在弹出的下拉列表中选择"首字下沉选项"命令，在弹出的"首字下沉"对话框中选择"下沉"，在"下沉行数"微调框中输入2。

2. 分别插入"正能量""创业""创新"图片

（1）插入图片：将光标分别定位到第二段和第三段右侧间、第三段和第四段左侧间、第四段和第五段右侧间，然后单击"插入"→"插图"→"图片"按钮，在下拉列表中选择插入图片来自"此设备"，在弹出的"插入图片"对话框中，选择要插入的图片文件，单击"插入"按钮或者直接双击图片，所选择的图片插入到了文档指定的位置处。

（2）设置图片大小：选择"图片工具/格式"选项卡，在"大小"组中可以直接调整大小，也可单击对话框启动器按钮 打开对话框，在"大小"选项卡下，填入图片高度和宽度，不要选择"锁定纵横比"选项，否则只能输入高度和宽度中的一项数值。

（3）设置文字环绕方式：选中图片，单击"图片工具/格式"→"排列"→"环绕文字"按钮，在打开的下拉列表中选择"紧密型环绕"。

3. 插入艺术字

1）插入艺术字

将光标定位在第五段和第六段间，单击"插入"→"文本"→"艺术字"按钮，从弹出的下拉列表中选择艺术字样式为"渐变填充-金色，着色4，轮廓-着色4"。在弹出的"请在此放置您的文字"文本框中输入"创业创新响应国家成就自己"，如果用户已事先选择文本内容，则文本框会显示这些文字，不用输入。如果对艺术字显示效果不满意，可以单击"绘图工具/格式"选项卡（或者直接双击艺术字），在"艺术字样式"组中单击"文字效果"按钮,在下拉列表中选择"转换"选项,在右侧弹出的列表中选择一种形状即可。

2)设置艺术字大小

选择"绘图工具/格式"选项卡,在"大小"组中可以直接调整大小,也可单击对话框启动器按钮 打开对话框,在"大小"选项卡下,可填入图片高度为1 cm和宽度为12 cm的尺寸。

3)设置艺术字环绕方式

选中艺术字,单击"绘图工具/格式"→"排列"→"环绕文字"按钮,在打开的下拉列表中选择"紧密型环绕"。

视频

Word 2016 文档的建立与排版

实训一　Word 2016 文档的建立与排版

一、实训目的

(1)掌握 Word 2016 的启动和退出。

(2)熟练掌握 Word 2016 文档的创建、保存、关闭和打开。

(3)熟练掌握 Word 2016 文档的编辑方法。

(4)重点掌握字体的修饰和段落的设置。

(5)掌握边框和底纹的设置。

(6)掌握图文混排和页面设置。

二、实训内容

(1)在D盘下建立学生文件夹,命名为"学号+姓名"。

(2)创建 Word1.docx 文档,保存在学生文件夹中,插入素材文件"中国高铁"。

(3)将正文中所有"中国高铁"替换为颜色为绿色、加着重号的"中国高铁"。

(4)将标题段文字"中国高铁向世界展示中国风采"设置为三号、楷体、加粗,标题段段落居中对齐、段前和段后间距设置为1行,并给标题文字加上红色边框。

(5)将正文字体设置为楷体五号字,各段落首行缩进2字符,段前设为0.6行,行距为"固定值16磅"。

(6)给文章插入页眉"中国高铁",插入页脚为页码。

(7)在文中第二段插入艺术字"中国高铁惊艳世界",宋体三号字,样式为"填充-橙色,着色2,轮廓-着色2",文本效果为"转换→弯曲→正三角",高度为1.5 cm,宽度为7.5 cm;环绕文字为"紧密型环绕"。在文中第三段插入图片,环绕文字为"四周型环绕",图片大小高度为4 cm、宽度为6 cm。

(8)将第五、六两段合并为一段,并分为偏左两栏,间距为3字符,有分隔线。

(9)页面设置:设置纸张大小为16开,页边距上、下分别为2 cm,左、右均为2.3 cm。存盘退出。

三、实训样式

实训样式如图4-5所示。

中国高铁

中国高铁向世界展示中国风采

作为新时代里一张闪耀世界的亮丽名片，中国高铁所取得的伟大成就举世瞩目，蜚声海内外。中国铁路为世界轨道交通发展做出了突出贡献。让国人感到深深的自豪！

中国高铁展现享誉世界的"中国速度"。随着"四纵四横"的完美收官，"八纵八横"也将呼之欲出，高铁打破城市边界，淡化空间距离，促进各城市间的交通运输和经贸往来。截营里程达高铁运营  至2018年底，中国高铁运到2.9万公里以上，占全球总里程的2/3，编织了全球最大的幸福出行蓝图，目前中国高铁已累计运输旅客达100亿人次，中国高铁安全可靠和运输效率世界领先。高铁速度代表的中国速度正以"扶摇直上九万里"的气势不断攀升，高铁已成为展示国家形象的一张闪亮名片。

伴随着中国高铁事业疾疾步稳的发展新常态，迈入新时代的中国高铁，正以充满中国符号的表达，日新月异地书写的新史诗。等级最高的京沪高铁、最长的京广高铁等高铁创造的世举，一举将中国高铁推向国际舞台，成为中国制造问鼎世界的靓丽新名片。时速350公里的"复兴号"疾驰在祖国广袤的大地上，更是引领世界高铁新风向，为世界高铁树立了"强国"的最建设运营的新标杆，写下了"品牌美注脚。闪耀着中国智慧的高铁，成为祖国波澜壮阔发展画卷中的一抹亮色，在世界舞台、历史舞台上都画上了浓墨重彩的一笔。

中国高铁的发展有如"墙内开花，墙外也香"。中国高铁凭借世界领先的科技水平赢得了多国合作机遇，印尼雅万高铁、墨西哥高铁等众多国际项目的建设，都有"中国智制"，"中国方案"为世界人民的便捷出行造福。中国以高铁科技创新向世界展示了中国发展实力与理念。"道路通，百业兴，"丝路复兴之途，声声汽笛代驼铃，中欧班列累计开行逾1.5万列，中国铁路作为"一带一路"倡议实施的重要载体，架起了与世界各国的经贸往来，承担着互联互通的时代使命。时代在进步，高铁也在发展。中国高铁的发展开启了人类交通史的新纪元。未来，中国高铁将继续惊艳世界，驶向未来，驶向复兴！

1

图4-5 实训样式

四、实训步骤提示

（1）建立学生文件夹，命名为"学号+姓名"。

打开D盘，右击，选择"新建"→"文件夹"命令，输入文件夹名字。

（2）创建Word1.docx文档，保存在学生文件夹中，插入素材文件"中国高铁"。

① 选择"开始"→"所有程序"→Microsoft Office→Microsoft Word 2016命令。

② 选择"插入"→"文本"→"对象"→"文件中的文字"命令在打开的"插入文件"对话框中选择素材文件"中国高铁.docx"，单击"插入"按钮。

③ 单击"保存"按钮，在"另存为"窗口中选择"这台电脑"→"D："，弹出"另存为"对话框，在"文件名"文本框中输入该文件的名字"Word1"；在"保存类型"下拉列表中选择"Word文档"；最后单击"保存"按钮，如图4-6所示。

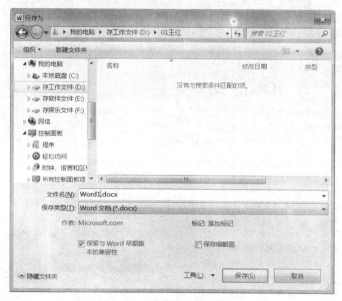

图4-6 "另存为"对话框

（3）将正文中所有"中国高铁"替换为颜色为绿色、加着重号的"中国高铁"。

单击"开始"→编辑→"替换"按钮，弹出"查找和替换"对话框，在"查找内容"文本框中输入"中国高铁"，在"替换为"文本框中输入"中国高铁"，打开"更多"进行文字格式设置，然后单击"全部替换"按钮，如图4-7所示。

（4）将标题段文字"中国高铁向世界展示中国风采"设置为三号、楷体、加粗，标题段段落居中对齐、段前和段后间距设置为1行，并给标题文字加上红色边框。

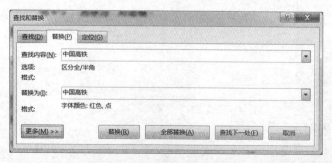

图4-7 "查找和替换"对话框

①　选定标题段文字"中国高铁向世界展示中国风采",单击"开始"→"字体"组中的"字体"和"字号"下拉按钮,选择"楷体"和"三号",单击"加粗"按钮 **B** 和"文本居中"按钮≡。

②　单击"开始"→"段落"组中的对话框启动器按钮,打开"段落"对话框,选择"缩进和间距"选项卡,在"间距"的"段前"和"段后"文本框中输入"1行",单击"确定"按钮,如图4-8所示。

③　将光标定位到标题行,单击"开始"→"段落"组中的"边框和底纹"下拉按钮,在下拉列表中选择"边框和底纹"选项,在弹出的"边框和底纹"对话框"边框"选项卡"设置"组中选择"方框",在"颜色"下拉表中选择"红色",在"应用于"下拉列表中选择"文字",如图4-9所示。

图4-8　"段落"对话框

图4-9　"边框和底纹"对话框

(5)　将正文字体设置为楷体五号字,各段落首行缩进2字符,段前设为0.6行,行距为"固定值16磅"。

①　选定正文各段落,单击"开始"→"字体"组中的"字体"和"字号"下拉按钮,选择"楷体"和"五号"。

② 单击"开始"→"段落"组中的对话框启动器按钮，打开"段落"对话框，选择"缩进和间距"选项卡。

在"缩进"组"特殊格式"下拉列表中选择"首行缩进"，在"缩进值"文本框中输入"2字符"，在"段前"输入"0.6行"，在"行距"的下拉列表中选择"固定值"，在"设置值"文本框中输入"16磅"，单击"确定"按钮，如图4-10所示。

（6）给文章插入页眉"中国高铁"，插入页脚为页码。

① 单击"插入"→"页眉和页脚"→"页眉"按钮，在"页眉"样式中选择一种样式。

② 在页眉处输入"中国高铁"。

③ 单击"插入"→"页眉和页脚"→"页脚"按钮，在"页脚"样式中选择一种样式，选择"页码"的位置和格式，页码就插入到了页脚里。单击"页眉页脚工具/设计"→"关闭"→"关闭页眉页脚"按钮退出。

（7）在文中第二段插入艺术字"中国高铁惊艳世界"，宋体三号字，样式为"填充-橙色，着色2，轮廓-着色2"，文本效果为"转换→弯曲→正三角"，高度为1.5 cm，宽度为7.5 cm；环绕文字为"紧密型环绕"。在文中第三段插入图片，环绕文字为"四周型环绕"，图片大小高度为4 cm、宽度为6 cm。

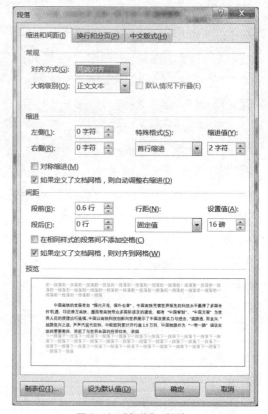

图4-10 "段落"对话框

① 将光标定位到第二段，单击"插入"→"文本"→"艺术字"按钮，选择"填充-橙色，着色2，轮廓-着色2"。

② 在"请在此放置您的文字"中输入"中国高铁惊艳世界"，如图4-11所示。

设置"文本效果"为"转换-弯曲-正三角"，单击"绘图工具/格式"→"大小"组中的对话框启动器按钮，打开"布局"对话框，在"大小"选项卡中输入高度为1.5 cm，宽度为7.5 cm，在"文字环绕"选项卡中设置环绕方式为"紧密型"。

将光标定位到第三段，单击"插入"→"插图"→"图片"按钮，在下拉列表中选择插入图片来自"此设备"，弹出"插入图片"对话框，选择图片文件的位置及名字，单击"插入"按钮，如图4-12所示。

③ 选中图片，出项8个控制按钮，右击，在快捷菜单中选择"大小和位置"命令，打开"布局"对话框，选择"大小"选项卡，取消选择"锁定纵横比"，设置"高度"为4 cm，"宽度"为6 cm，如图4-13所示。

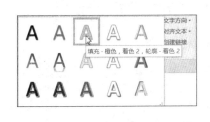

图4-11　艺术字样式　　　　　　　　　图4-12　"插入图片"对话框

图4-13　"布局"对话框

④ 选择"文字环绕"选项卡，选择环绕方式为"四周型"，单击"确定"按钮，如图4-14所示。

（8）将第五、六两段合并为一段，并分为偏左两栏，间距为3字符，有分隔线。

① 将光标定位到调整后的第五段末尾，按【Delete】键删除回车符，合并五六段。

② 选中合并后的第五段使其反相显示，选择"布局"→页面设置→"分栏"→"更多分栏"选项，在打开的"分栏"对话框中选择"偏左"，在"间距"中输入"3字符"，单击"确定"按钮，如图4-15所示。

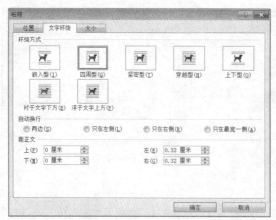

图4-14 "文字环绕"设置

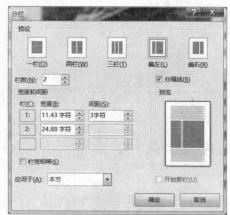

图4-15 段落分栏设置

（9）页面设置：设置纸张大小为16开，页边距上、下分别为2 cm，左、右均为2.3 cm。存盘退出。

① 选择"布局"→"页面设置"→"页边距"→"自定义页边距"选项，在"页面设置"对话框选择"页边距"选项卡，在"页边距"文本框中分别输入上、下、左、右边距，在"预览"的下拉表中选择应用于"整篇文档"，如图4-16所示。

② 选择"纸张"选项卡，在"纸张大小"的下拉列表中选择"16开（18.4×26 cm）"，在"预览"的下拉列表中选择应用于"整篇文档"，单击"确定"按钮，如图4-17所示。

图4-16 "页面设置"对话框

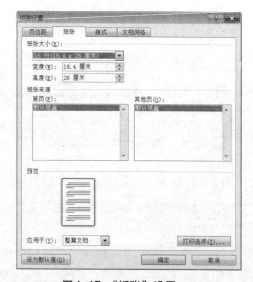

图4-17 "纸张"设置

任务三　表格文档的处理

任务描述

在图4-4所示的图文型文档末尾，建立图4-18所示的"学生基本信息表"。

姓名		性别		照片
籍贯		邮政编码		
出生年月		学历		
毕业学校				
家庭住址				
住宅电话		移动电话		
工作经历				

图4-18　"学生基本信息表"

知识准备

Word 2016不仅文字处理功能强大，而且还提供了强大的表格处理功能，可以在文档中快速建立、编辑各种表格。Word 2016对表格的处理一般包括创建、编辑和格式化等。

1. 表格的创建

表格文档通常分为规则和不规则两类，针对这两类表格，文档Word 2016提供了多种创建表格的方法，常用的有鼠标插入表格法、命令插入表格法、绘制表格法和快速表格法4种。

1）鼠标插入表格法

鼠标插入表格法是基于规则表格所给出的一种建立表格的方法，主要用于10列8行以内的规则表格的创建，建立表格时光标定位后单击"插入"→"表格"→"表格"下拉按钮，在弹出的下拉列表中拖动鼠标选择表格的行数和列数，如图4-19所示。

2）命令插入表格法

命令插入表格法也是基于规则表格所给出的一种建立表格的方法，该方法可以建立任意行和列的规则表格，但一般主要用于10列8行以外的规则表格的创建，建立表格时光标定位后单击"插入"→"表格"→"表格"下拉按钮，在弹出的下拉列表中选择"插入表格"选项，在弹出的"插入表格"对话框中，输入"列数"和"行数"，另外还可以在"'自动调整'操作"组中定义插入表格的列宽和自动调整选项，如图4-20所示。

3）绘制表格法

绘制表格法则是基于不规则表格所给出的一种建立表格的方法，建立表格时选择

"插入"→"表格"→"表格"→"绘制表格",鼠标指针将会变成"铅笔"形状,按住鼠标左键拖动,可以绘制不同高度的单元格的表格或每行的列数不同的表格。要擦除一条或者多条线,可以单击"表格工具/布局"→"绘图"→"橡皮擦"按钮,鼠标指针将会变成橡皮形状,单击要擦除的线条,可实现擦除。

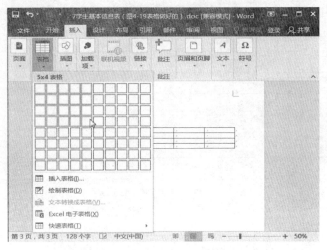

图4-19　选择表格的行数和列数　　　　图4-20　"插入表格"对话框

4)快速表格法

在 Word 2016 中,文字之间如果用有效的分隔符(逗号和空格)隔开,则可以通过"文本转换成表格"命令,可直接将之转换成表格,方法是选择要转换的所有文字,选择"插入"→"表格"→"表格"→"文本转换成表格",弹出"将文字转换成表格"对话框,在"表格尺寸"组填入行列数,在"文字分隔位置"组选择"逗号",单击"确定"按钮即可。

2. 表格的编辑

创建表格后,一般都需要对表格进行编辑处理。Word 2016 对表格的编辑处理包括插入或删除行或列、调整行高或列宽、拆分或合并单元格等。

1)插入或删除行、列

在表格中插入或删除行、列的方法是在需要执行插入或删除操作的位置处单击。单击"表格工具/布局"→"行和列"→"在上方插入"或"在下方插入"按钮即可在单元格的上方或下方插入一行;单击"在左侧插入"或"在右侧插入"按钮即可在该单元格的左侧或右侧插入一列;单击"删除"按钮,在弹出的下拉列表中单击"删除行"按钮即可删除此单元格所在的行;单击"删除"按钮,在弹出的下拉列表中单击"删除列"按钮即可删除此单元格所在的列。

2)合并和拆分单元格

Word 中可以将同一行或同一列中的两个或多个单元格合并为一个单元格,比如在水平方向上合并多个单元格,以创建表格标题。也可以将一个单元格拆分为两个或多个单元格。合并单元格的方法是：拖动鼠标选择要合并的单元格，单击"表格工具/布局"→"合并"→"合并单元格"按钮，即可把所选单元格合并为一个单元格。拆分单元格的方法是：单击要拆分的单元格，再单击"表格工具/布局"→"合并"→"拆分单元格"按钮。

3）改变行高和列宽

改变行高列宽的方法是：拖动鼠标选择要改变行高的行或改变列宽的列，单击"表格工具/布局"→"单元格大小"→"高度"或"宽度"文本框中设置合适的数值即可。

4）绘制斜线表头

用"插入"→"插图"→"形状"→"直线"来绘制表头斜线，用"插入"→"文本"→"文本框"写入表头的标题文字，要去掉文本框的边线和填充。

3. 表格的格式化

在表格中输入文字和数字内容以后，可以调整表格内容的排列、对齐方式，使表格看起来更加整齐。

1）设置单元格内容的对齐方式

设置对齐方式的方法是：拖动鼠标选择要设置对齐方式的单元格，在"表格工具/布局"选项卡的"对齐方式"组中，Word 提供了9种单元格内文字的对齐方式供用户选择，直接单击需要设置的对齐方式即可。

2）设置表格的边框和底纹

为了达到特定的显示效果，用户可以对表格边框的线型、颜色、粗细等进行自定义设置，方法是：拖动鼠标选取要更改格式的单元格，单击"表格工具/设计"→"边框"→"边框和底纹"对话框启动器按钮，弹出"边框和底纹"对话框。选择"边框"选项卡，在"样式"列表框中选择一种边框线型样式。从"颜色"下拉列表框中选择一种新的边框颜色，从"宽度"下拉列表框中选择一种新的边框宽度，然后选择"底纹"选项卡，在"标准色"组中选择颜色，如图4-21所示。

图4-21　"边框和底纹"对话框

任务分析

"学生基本信息表"是一个不规则表格，可首先考虑用"绘制表格"的方法创建，但从样式表格的结构可以将之看成是由规则部分和不规则部分组成的，其中，规则部分是表格所包含的"7行1列"，除此之外的是不规则部分。对于表格的规则部分可以利用"插入表格"方法创建，表格的不规则部分则利用"绘制表格"方法创建。建立表格时能根据实际灵活运用各种方法和命令，往往会事半功倍、得心应手。

任务实施

1. 创建表格的规则部分

将光标定位在文档末尾，然后另起一行，单击"插入"→"表格"→"表格"按钮，在弹出的下拉列表框中拖动鼠标选择7行1列表格，即可建立起一个7行1列表格，如图4-22所示。

图4-22 "7行1列"表格

2. 创建表格的不规则部分

选择"插入"→"表格"→"表格"→"绘制表格"，鼠标指针将会变成"铅笔"形状，然后在7行1列的表格上绘制制表线并输入内容，如图4-23所示。

姓名		性别		
籍贯		邮政编码		
出生年月		学历		
毕业学校				
家庭住址				
住宅电话		移动电话		
工作经历				

图4-23 "绘制表格"效果

3. 编辑表格

右侧一至五行进行合并并输入"照片"：选中图4-23中右侧一至五行的单元格，右击所选单元格，在快捷菜单中选择"合并单元格"命令即可合并右侧一至五行单元格，然后在合并单元格中输入"照片"，如图4-24所示。

姓名		性别		
籍贯		邮政编码		
出生年月		学历		照片
毕业学校				
家庭住址				
住宅电话		移动电话		
工作经历				

图4-24　合并单元格效果

4. 格式化表格

（1）调整第七行的行高和列宽：将鼠标指针指向表格底边框线，用鼠标进行上下拖动就可以改变第七行行高，然后将鼠标指针指向第七行的列分隔线，用鼠标进行左右拖动就可以改变第七行列宽，如图4-25所示。

姓名		性别		
籍贯		邮政编码		
出生年月		学历		照片
毕业学校				
家庭住址				
住宅电话		移动电话		
工作经历				

图4-25　调整行高和列宽效果

（2）设置文字对齐方式：选择表格，在"表格工具/布局"选项卡中的"对齐方式"组中，单击"水平居中"对齐方式，如图4-26所示。

姓名		性别		
籍贯		邮政编码		
出生年月		学历		照片
毕业学校				
家庭住址				
住宅电话		移动电话		
工作经历				

图4-26　设置对齐方式的效果

（3）设置边框和底纹：选取表格，单击"表格工具/设计"选项卡下的"边框"组中的对话框启动器按钮，打开"边框和底纹"对话框，选择"边框"选项卡"设置"组中的"自定义"选项，在"样式"组中选择单实线，在"颜色"组中选择蓝色，在"宽度"组中选择1.5磅，单击预览下的外框四边，把外边框线添加上；再在"样式"组中选择单实线，在"颜色"组中选择蓝色，在"宽度"组中选择0.5磅，单击"预览"下的内框，把单线添加上，然后单击"底纹"选项卡，在"标准色"组中选择浅绿色（效果如图4-5所示）。

视频

Word 2016
表格的建立
和编辑

实训二　Word 2016 表格的建立和编辑

一、实训目的

（1）熟练掌握 Word 2016 建立表格的方法。

（2）熟练掌握表格的编辑。

（3）熟练掌握文本转换为表格的方法。

（4）掌握不规则表格的制作方法。

二、实训内容

（1）在 D 盘下建立学生文件夹，名为"学号＋姓名"。

（2）新建 Word2.docx 文档，完成如下操作：

① 创建标准表。

a. 建立图 4-27 所示表格。

b. 将各单元格内所有数据设置为楷体、5号，居中对齐。

c. 将表格第1列宽度调整为 2 cm，其余各列调整为 1.5 cm，所有行高调整为 1 cm，并将表格居中。

d. 将表格外边框设置为红色双线框，宽度为 1.5 磅，内边框为蓝色细实线，宽度为1 磅，并给整个表格加上浅绿色底纹。

② 创建自由表格，内容如图 4-28 所示。

各车间机器生产总表

车间	1季度	2季度	3季度	4季度
一车间	60	70	65	75
二车间	65	65	70	65
三车间	76	66	55	76
四车间	73	57	67	66

科目\姓名	语文	数学	英语	计算机	体育
王红	80	90	85	90	90
蒋明	87	78	86	86	78
备注：					

图 4-27　创建标准表　　　　　　　　　图 4-28　创建自由表格

③ 文本转换为表格。

a. 在文章末尾另起一段插入 BG.docx 文件。

b.将插入的文本文字转换为一个3行5列的表格。

c.在最后一列的右边插入一列，内容为：实发，1729，1860。

d.在第一行的上边插入一行，将这行的单元格合并，并输入"职工工资表"，水平居中对齐。

e.将表格内所有数字右对齐，将第二行文字设置为楷体、小四号、加粗。

f.将表格的第一行底纹设置成茶色底纹。

（3）存盘退出。

三、实训样式（见图4-29）

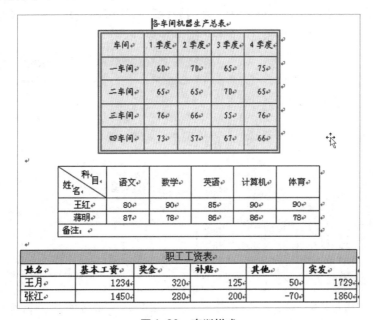

图4-29　实训样式

四、实训步骤提示

（1）在D盘下建立学生文件夹，名为"学号+姓名"。

打开D盘，右击，选择"新建"→"文件夹"命令，输入文件夹名字。

（2）新建Word2.docx文档，完成如下操作：

① 创建标准表。

a.建立如下表格。

- 输入标题"各车间机器生产总表"。

- 选择"插入"→"表格"→"表格"→"插入表格"命令。

- 出现"插入表格"对话框，输入表格的行数和列数，单击"确定"按钮，如图4-30所示。

- 将光标移至表格的单元格内，逐一输入表格内容。

b.将各单元格内所有数据设置为楷体、5号，居中对齐。

- 选定整个表格，单击"开始"选项卡"字体"组中的"字体"和"字号"下拉按钮，选择"楷体"和"五号"。

- 选定整个表格，在"表格工具/布局"选项卡"对齐方式"组中单击▣按钮。

c.将表格第1列宽度调整为2厘米，其余各列调整为1.5厘米，所有行高调整为1厘米，并将表格居中。

- 将光标定位到表格第1列的任意单元格内，右击，在弹出的快捷菜单中选择"表格属性"命令，出现"表格属性"对话框，如图4-31所示。
- 选择"列"选项卡，在"指定宽度"内输入"2厘米"，单击"确定"按钮，如图4-31所示。
- 选定除第1列外的其余各列，在"表格属性"对话框内选择"列"选项卡，在"指定宽度"内输入"1.5厘米"，单击"确定"按钮。

图4-30 "插入表格"对话框　　　　图4-31 "表格属性"对话框

- 选定所有行，在"表格属性"对话框内选择"行"选项卡，在"指定宽度"内输入"1厘米"，单击"确定"按钮。
- 将光标定位到表格标题，单击格式工具栏的居中对齐按钮▤；选定整个表格，在"表格工具/布局"选项卡"对齐方式"组中单击▣按钮。

d.将表格外边框设置为红色双线框，宽度为1.5磅，内边框为蓝色细实线，宽度为1磅，并给整个表格加上浅绿色底纹。

- 将光标定位到表格的任意单元格内，右击，在弹出的菜单中选择"表格属性"，在"表格属性"对话框内选择"表格"选项卡，单击"边框和底纹"按钮，出现"边框和底纹"对话框，如图4-32所示。
- 选择"边框"选项卡，在"设置"下选择"自定义"，在"样式"下拉列表中选择"双线"，在"颜色"下拉列表中选择"红色"，在"宽度"下拉列表中选择"1.5磅"，如图4-32所示，单击预览窗口表格的外部。
- 在"样式"下拉列表中选择"单实线"，在"颜色"下拉列表中选择"蓝色"，在"宽度"下拉列表中选择"1.0磅"，如图4-33所示，单击预览窗口表格的内部。

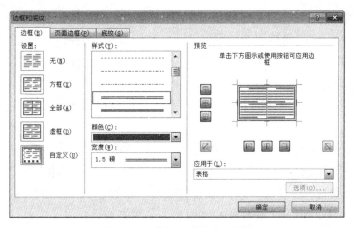

图4-32　"边框和底纹"对话框

图4-33　"边框和底纹"对话框"边框"选项卡

- 在"边框和底纹"对话框中，选择"底纹"选项卡，在"填充"下拉列表中选择"浅绿"，单击"确定"按钮，如图4-34所示。

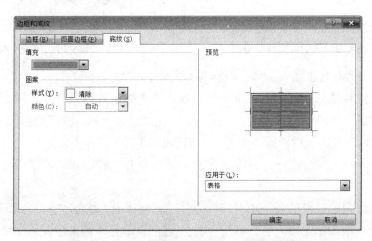

图4-34　"边框和底纹"对话框"底纹"选项卡

② 创建自由表格。

a.单击"插入"→"表格"→"表格"→"绘制表格"按钮，出现铅笔工具。

b.用铅笔工具向右下方拖动画出一个矩形框，在框内画出一个4行6列的表格，调整合适的行高和列宽。

c.选定最后一行的所有单元格，右击，在弹出的快捷菜单中选择"合并单元格"命令，将最后一行合并为一格。

d.将光标定位到第一行的第一个单元格，单击"表格工具/设计"→"边框"→"边框"→"下框线"按钮，即可绘制斜线。单击"插入"→"文本"→"文本框"按钮，在文本框中输入"科目"，在另一个文本框中输入"姓名"。

e.输入各单元格的内容，调整单元格内文本的对齐方式。

③ 文本转换为表格

a.在文章末尾另起一段插入BG.docx文件。

单击"插入"→"文本"→"对象"→"文件中的文字…"，弹出"插入文件"窗口，如图4-35所示，找到BG.docx文件，双击该文件，将文本插入到当前位置。

b.将插入的文本文字转换为一个3行5列的表格。

选定插入的3行文本，单击"插入"→"表格"→"表格"→"文本转换成表格"，出现"将文字转换成表格"对话框，输入"列数"为5，"行数"为3，"文件分隔位置"为"逗号"，单击"确定"按钮，如图4-36所示。

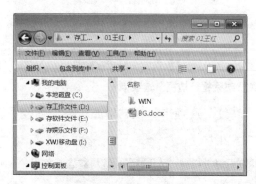

图4-35 "插入文件"窗口

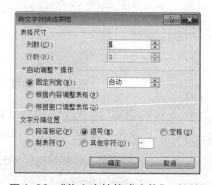

图4-36 "将文字转换成表格"对话框

c.在最后一列的右边插入一列，内容为：实发，1729，1860。

将光标定位到最后一列的任一单元格，单击"表格工具/布局"→"行和列"→"在右侧插入"按钮，在单元格输入内容。单击"表格工具/布局"→"数据"→"公式"按钮 f_x，在打开的"公式"对话框中输入"=SUM(LEFT)"计算实发数值。

d.在第一行的上边插入一行，将这行的单元格合并，并输入"职工工资表"，水平居中对齐。

将光标定位到第一行的任一单元格，单击"表格工具/布局"→"行和列"→"在上方插入"按钮，输入单元格内容。在第一行的第一个单元格输入"职工工资表"，选定第一行的所有单元格，单击"表格工具/布局"→合并→"合并单元格"，将第一行合并为一格，单击"表格工具/布局"→"对齐方式"中的水平居中对齐按钮。

e.将表格内所有数字右对齐，将第二行文字设置为楷体、小四号、加粗。

选定表格内所有数字，单击"表格工具/布局"→"对齐方式"中的中部右对齐按钮；选定第二行的所有文字，单击"开始"选项卡中的"字体"和"字号"下拉按钮，选择"楷体"和"小四号"，并单击"加粗"按钮。

f.将表格的第一行底纹设置为茶色底纹。

选定表格第一行，右击，在弹出的快捷菜单中选择"表格属性"命令，在"表格属性"对话框内选择"表格"选项卡，单击"边框和底纹"按钮，出现"边框和底纹"对话框，选择"底纹"选项卡，在"填充"下拉列表中选择"茶色"，在"应用于"下拉列表中选择"单元格"，单击"确定"按钮，如图4-37所示。

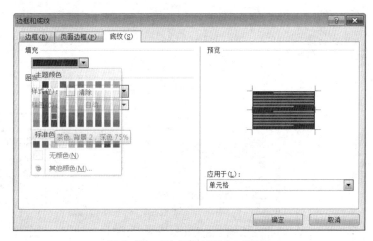

图4-37 "边框和底纹"对话框

（3）存盘退出

单击标题栏的区按钮，在弹出的"是否将更改保存到文档1中？"对话框中单击"保存"按钮；弹出"另存为"对话框，"保存位置"选择D盘，双击你的文件夹；在"文件名"文本框中输入该文件的名字"word2"；在"保存类型"下拉列表中选择"Word文档"；最后单击"保存"按钮。

Word 2016 专业应用

任务四　毕业论文的排版

视频

毕业论文的排版

任务描述

制作图4-38所示的"计算机的发展趋势"文档。要求：

（1）文档的正文设置成楷体、五号、首行缩进2字符、段前段后为0行、单倍行距。

（2）标题设置为楷体、二号、加粗、居中对齐、大纲级别1级、首行缩进0字符、段前段后为1行、单倍行距。

（3）一级标题设置为楷体、四号、加粗、首行缩进2字符、段前段后为0.5行、单倍行距。

（4）二级标题设置为楷体、小四号、加粗、首行缩进2字符、段前段后为0.3行、单倍行距。

（5）在首页自动生成独立的目录，目录1格式设置为黑体、小四号字加粗、段前段后为0.5行，目录2格式设置为黑体、小四号、左侧缩进2字符。

（6）插入页码，第1页从正文页开始，目录页不要页码。

图4-38　排版后的样式

　知识准备

1. 样式

在进行文档排版时，许多段落都有统一的格式，如字体、字号、段间距、段落对齐方式等。手工设置各个段落的格式不仅烦琐，而且难以保证各段格式严格一致。Word的样式提供了将段落样式应用于多个段落的功能。

样式是一组排版格式指令，它规定的是一个段落的总体格式，包括段落的字体、段落以及后续段落的格式等。Word的样式库中存储了大量的样式以及用户自定义样式，单击"开始"→"样式"窗口显示按钮就可以查看这些样式。Word 2016不仅预定义了标准样式，还允许用户根据自己的需要修改标准样式或创建自己的样式。

样式可以分为字符样式和段落样式两种。字符样式保存了字体、字号、粗体、斜体、其他效果等。段落样式保存了字符和段落的对齐方式、行间距、段间距、边框等。

2. 使用已有样式

将光标移至要使用样式的段落，单击"开始"→"样式"组中的对话框启动器按钮，然后在打开的"样式"窗口中选定需要的样式，便可将该样式应用于当前光标所在的段落或选定的段落。如果要将该样式应用于多个段落，可将这些段落全部选定，然后在"样式"窗口中单击所需的样式，即可将样式应用到所选文本上。

3. 新建样式

用户可以建立自己的样式。在"样式"窗口底端单击"新建样式"按钮，便弹出"根据格式设置创建新样式"对话框。在"名称"文本框中输入新样式的名称，然后在"格式"下拉列表框中选定相应格式的描述项，最后，单击"确定"按钮就新建了新的样式，可以将其像系统标准样式一样应用于段落中。

任务分析

此文档篇幅较大，为了提高文档的排版效率，可以使用样式对文档排版，以确保格式编排的一致性。

任务实施

（1）建立正文样式：打开"计算机的发展趋势"文档，单击"开始"→"样式"组中的对话框启动器按钮，在"样式"窗格中，单击 🆕，建立"我的正文样式1"，包括楷体、五号字、首行缩进2字符、段前段后为0、单倍行距。如图4-39所示。

图4-39　正文样式

（2）应用正文样式：全选文档，单击"样式"→"我的正文样式1"。

（3）建立标题样式：在"样式"里，单击⊞，建立"我的标题样式"，包括楷体、二号、加粗、居中对齐、大纲级别1级、首行缩进0字符、段前段后为1行、单倍行距。

（4）应用标题1样式：选择文档中的标题，单击"样式"→"我的标题样式"。

（5）建立标题1样式：在"样式"窗格中，单击⊞，建立"我的标题1样式"，包括楷体、四号、加粗、大纲级别1级、首行缩进2字符、段前段后为0.5行、单倍行距。

（6）应用标题1样式：选择文档中所有的一级标题，单击"样式"→"我的标题1样式"。

（7）建立标题2样式：在"样式"窗格中，单击⊞，建立"我的标题2样式"，包括楷体、小四号字加粗、大纲级别2级、首行缩进2字符、段前段后为0.3行、单倍行距。

（8）应用标题2样式：选择文档中所有的二级标题，单击"样式"→"我的标题2样式"。

至此，完成了正文和各级标题的设置，注意：要先把文档全部设置成正文，再设置标题，因为正文文字多，先设置可以一次完成。

（9）修改目录1样式：单击"样式"→"目录1"→"修改"。把名称修改为"我的目录1"，格式修改为黑体、小四、加粗，首行无缩进、段后5.5磅、多倍行距1.20。

（10）修改目录2样式：单击"样式"→"目录2"→"修改"。把名称修改为"我的目录2"，格式修改为黑体、小四，左侧缩进2字符、段后5.5磅、多倍行距1.20。

（11）生成目录：单击要插入目录的位置，单击"引用"→"目录"→"自动目录1"即可自动生成目录。

（12）目录页独立：在目录的末尾单击"插入"→"分页"，就可以把目录页做成独立的。

（13）按规定位置插入页码：把光标定位在目录页末尾，单击"页面设置"→"分隔符"→"下一页"，单击"插入"→"页眉和页脚"→"页码"→"页面底端"→"普通数字2"，然后单击"页眉和页脚工具/设计"→"导航"→"链接到前一条页眉"按钮（让本节页脚与目录页页脚不相同，这样删除目录页页码不影响正文页码），然后单击"插入"→"页眉和页脚"→"页码"按钮，在下拉列表中选择"设置页码格式"选项，设置起始页码后删除目录页底端的页码。

（14）修改页码格式：打开页脚，对页码进行字体字号（三号）设置。

• 视频

宣传海报的制作

任务五　宣传海报的制作

任务描述

制作图4-40所示的"柳州地理环境与旅游"宣传海报，文字内容在素材"柳州地理环境与旅游简介"文件里，要求如下：

柳州旅游概况知识

位置境域

柳州市，位于广西壮族自治区中北部，东与桂林市的龙胜县、永福县和荔浦县为邻，西接河池市的环江毛南族自治县、罗城仫佬族自治县和宜州市，南接新设立的来宾市金秀瑶族自治县、象州县、兴宾区和忻城县，北部和西北部分别与湖南通道侗族自治县和贵州黎平县、从江县相毗邻。

行政区划

柳州市区划面积

区划	面积	政府驻地	邮政编码
柳州市	18616.54	柳北区	545000
城中区		城中街道	545000
鱼峰区		麒麟街道	545000
柳南区	658.31	潭西街道	545000
柳北区		雀山街道	545000
柳江县	2539.16	拉堡镇	545100
柳城县	2109.78	大埔镇	545200
鹿寨县	3355.03	鹿寨镇	545600
融安县	2900.34	长安镇	545400
融水县	4624.20	融水镇	545300
三江县	2429.72	古宜镇	545500

柳州市辖4个市辖区（城中区、鱼峰区、柳南区、柳北区）、6个县（柳江县、柳城县、鹿寨县、融安县、融水苗族自治县、三江侗族自治县），另外，柳州市设立了以下经济管理区：柳州高新技术产业开发区、柳东新区和阳和新区。

地貌

柳州市区地形平坦，微有起伏，海拔在海拔85至105米之间，东、西、北三面环山，具有典型的岩溶地貌特征。柳江自北向南绕呈半岛形的柳北半岛，又向北，向东北又绕行向西南，最后向东南流出，故撑北半岛素有"世界第一盆景"的美誉。

旅游名胜

柳州市是广西拥有第二多国家级A级景区的城市，是区内重要的旅游目的地，有着广西唯一两个国家级重点公园——柳侯公园和龙潭公园。市内有着众多优质旅游资源：百里柳江（北岸河堤），江滨公园、蟠龙山公园、人工瀑布群、音乐喷泉、东堤春晓，西来寺等景区（一道组成的），立鱼峰景区，柳州博物馆、工业博物馆、军事博物馆、柳州奇石馆、雀儿山景区、鹅山公园、三门江森林公园、都乐岩风景区、柳州水上运动中心、河西花卉公园、马鹿山公园、箭盘山公园等。三江、融水、以及融安是柳州市重点旅游资源丰富，有国家A级以上众多景区，如：石门仙湖景区、贝江景区，大侗寨景区，程阳风雨桥，马胖鼓楼，丹洲古镇，中渡古镇，香桥岩等旅游资源。

龙潭公园

大龙潭风景区位于柳州市区南部，面积约544公顷，是中国南方少数民族风情文化，亚热带岩植物景观为一体的大型风景浏览区。柳州八贤之一的张庑度石刻诗"山下清泉出，林间百女来。寒云如可卧，不必问蓬莱"。"龙潭胜境"仿佛蓬莱仙境。龙潭公园林木苍翠、群山环抱、自成屏障，回虎山、美女峰、孔雀山李二十四峰形态各异，雷山绝壁下冒出一泓清泉在雷，龙二山间汇成"龙潭"古称"雷塘"，咫尺相隔的"雷潭"经地下河与之相潜通。清澈的潭水经"八龙喷雪坝"泻入镜湖后蜿蜒如游龙穿园而过。

提供服务

◇ 饮食：游人可品尝到油茶、竹筒饭、酸鱼等民族风味小吃。

◇ 娱乐：景区内设置有碰碰车、海盗船、儿童游乐园等娱乐设施。

◇ 其他：景区内提供有偿服饰租借和拍照快印和租马骑行服务。

图4-40 宣传海报样式

1. 页面设置

页面设置为：A4、横向，上下页边距为1.2 cm，左页边距为2.5 cm、右页边距为10 cm。

2. 页眉页脚设置

页眉距边界为1.3 cm、页脚距边界为1.05 cm，输入页眉内容为"柳州旅游概况知识"，字体设置为微软雅黑、加粗、小三号、蓝色。

3. 建立表格

创建13行4列的表格，第1行行高为1 cm，第2~13行行高为0.56 cm，列宽为1.93 cm；所有文字水平居中；表格样式为"网格表6彩色-着色2"。

4. 版面文字设置

正文中所有文字（包括文本框及表格）设置为宋体、五号、黑色。

5. 版面标题文字设置

文章标题文字设置为：微软雅黑、加粗、四号、蓝色。

6. 文本框设置

设置水平绝对位置为20.60 cm，右侧左边距；垂直绝对位置为5.29 cm，下侧上边距，高度为12.94 cm、宽度为6.62 cm；纹理填充"花束"的文本框。把正文"龙潭公园"的相关文字移动到文本框。

7. 段落设置、插入项目符号

各段落缩进2字符，正文分为等宽两栏。"提供服务"下方的文字设置如样文所示的项目符号。

8. 插入正文图片

插入文件名为"柳州.jpg"，文字环绕为"紧密型环绕"，图片的绝对位置水平为13.52 cm，右侧内边距；垂直为13.38 cm，下侧内边距；绝对大小高度为3.52 cm、宽度为5.87 cm。

9. 插入图片

插入文件名为"龙潭.jpg"，文字环绕为"穿越"，图片的绝对位置水平为20.57 cm，右侧左边距；垂直为1.38 cm，下侧上边距；绝对大小高度为3.73 cm、宽度为6.65 cm。

10. 添加水印

文本内容为：严禁复制；字号为105、斜式；颜色红色，半透明版式。

11. 把表格放在"行政区划"标题下方

任务分析

这是一份图文混排的综合宣传简报，应用的知识点有录入文字、页面设置、插入图片、插入表格、插入文本框、设置页面背景及边框与底纹的格式等。

任务实施

（1）页面页眉页脚设置：单击"布局"→"页面设置"组中的对话框启动器按钮，打开"页面设置"对话框，在"页边距"选项卡中设置：上下边距为1.2 cm，左边距为2.5 cm、右边距为10 cm；纸张方向选择"横向"；在"纸张"选项卡中设置纸张大小为A4；在"布局"选项卡中设置页眉距边界为1.3 cm，页脚距边界为1.05 cm。

（2）输入页眉内容：选择"插入"→"页眉和页脚"→"页眉"，选择"空白"，输入"柳州旅游概况知识"。在"开始"选项卡"字体"组中设置页眉文字为微软雅黑、加粗、小三号、蓝色。

（3）建立表格：选择"插入"→"表格"→"插入表格"，列数输入4，行数输入13，合并第1行单元格和第2列的4、5、6、7行单元格→输入表格要求的文字，使表格所有文字居中对齐。选择第1行，在"表格工具/布局"选项卡"单元格大小"组中设置高度为1 cm；选择第2~13行，在"表格工具/布局"选项卡"单元格大小"组中设置高度为0.56 cm，宽度为1.93 cm。选中表格，选择"表格工具/设计"→"表格样式"→"网格表1浅色-着色2"选项。

（4）版面文字设置：选择正文中所有文字（包括文本框及表格），在"开始"选项卡"字体"组中设置为宋体、五号、黑色。

（5）版面标题文字设置：选择文章标题，在"开始"选项卡"字体"组中设置为微软雅黑、加粗、四号、蓝色；表格标题设置为红色。

（6）文本框设置：选择"插入"→"文本"→"文本框"→"绘制横排文本框"，用鼠标绘制文本框。选中文本框，选择"绘图工具/格式"→"排列"→"环绕文字"→"紧密型环绕"命令。选择"绘图工具/格式"→"排列"→"位置"→"其他布局选项"命令，打开"布局"对话框，在"位置"选项卡中输入水平绝对位置为20.60 cm、选择右侧左边距；垂直绝对位置为5.29 cm、选择下侧上边距。在"布局"对话框的"大小"选项卡中输入高度绝对值为12.94 cm、宽度绝对值为6.62 cm。选择"绘图工具/格式"→"形状样式"→"形状填充"→"纹理"→"花束"选项。

（7）段落设置、插入项目符号：正文各段落缩进2字符，正文文字分为等宽2栏。单击"开始"→"段落"→"项目符号"下拉按钮，在下拉列表中选择样文所示的项目符号。

（8）插入正文图片：选择"插入"→"插图"→"图片"→"插入图片来自-此设备"命令，在打开的"插入图片"对话框中找到文件名为"柳州.jpg"的图片位置，单击"插入"按钮完成图片插入。选中图片，选择"图片工具/格式"→"排列"→"环绕文字"→"紧密型环绕"命令。单击"图片工具/格式"→"大小"组中的对话框启动器按钮，打开"布局"对话框，在"位置"选项卡中输入水平绝对位置为13.52 cm，选择右侧内边距；垂直绝对位置为13.38 cm，选择下侧内边距。在"布局"对话框的"大小"选项卡中输入高度绝对值为3.52 cm、宽度绝对值为5.87 cm。

（9）插入图片：选择"插入"→"插图"→"图片"→"插入图片来自-此设备"命令，在打开的"插入图片"对话框中找到文件名为"龙潭.jpg"的图片位置，单击"插入"按钮完成图片插入。选中图片，选择"图片工具/格式"→"排列"→"环绕文字"→"穿越型环绕"命令。单击"图片工具/格式"→"大小"组中的对话框启动器按钮，打开"布局"对话框，在"位置"选项卡中输入水平绝对位置为20.57 cm，选择右侧左边距；垂直绝对位置为1.38 cm，选择下侧上边距。在"布局"对话框的"大小"选项卡中输入高度绝对值为3.73 cm、宽度绝对值为6.65 cm。

（10）添加水印：选择"设计"→"页面背景"→"水印"→"自定义水印"→"文字水印"选项，输入文本内容为：严禁复制；字号为105、斜式；颜色为红色，半透明版式。

（11）把表格放在"行政区划"标题下：在标题下空一行，把表格拖到此空行即可。

实训三　Word 2016 综合应用

一、实训目的

（1）熟练掌握 Word 2016 文档的创建、保存、关闭和打开。

（2）重点掌握字体的修饰、段落的设置、边框和底纹的设置。

（3）掌握创建艺术字、图文混排和页面设置。

（4）了解利用工具栏绘制图形。

二、实训内容

1. 综合应用一

（1）在D盘下建立学生文件夹，名为"学号＋姓名"。

（2）创建"排版.docx"文档，保存在学生文件夹中。

① 建立在"排版.docx"文档，插入"粤港澳大湾区.docx"文件内容。

② 页面设置：设置纸张大小为16开，页边距上、下为2.0厘米、2.2厘米，左、右均为2.0厘米，页眉距离边界1.2厘米，页脚距离边界1厘米。

③ 将正文设置为楷体、小四号，各段落设置为首行缩进2字符，行距为"1.3倍行距"。

④ 将标题文字设置为三号、楷体、加粗、居中，段前和段后间距设置为1行，并给该段落加上蓝色边框、黄色底纹。

⑤ 设置首字下沉，下沉2行，距正文0.5厘米。

⑥ 将文中所有"粤港澳"替换为红色、并加上着重号。

⑦ 给文章插入页眉"粤港澳大湾区"，插入页脚"作者：王红"。

⑧ 在第二段中插入艺术字"港珠澳大桥通车"，样式为"填充－金色，着色4，软棱台"，环绕文字为"四周型环绕"，文本效果为"转换→弯曲→桥型"，大小高度为2厘米，宽度为7厘米。

⑨ 在第三段中插入"港珠澳大桥.jpg"图片，环绕文字为"紧密型环绕"，图片大小设置高度为5厘米，宽度为8.8厘米。

⑩ 将正文最后两段合并为一段，并分为等宽的两栏，栏宽设置为19字符，加上分隔线。

⑪ 存盘退出。

2. 综合应用二

创建"课程表.docx"文档，保存在学生文件夹中。

（1）在文档中建立表格，录入课程信息，如图4-42所示。

（2）将表格内所有文字居中对齐。

（3）将标题"课程表"设置为宋体、四号、加粗。

（4）将表格第2行文字设置为楷体、小四号、加粗，并加上浅绿色底纹。

（5）第5～第8行文字设置为宋体、五号，存盘退出

3. 综合应用三

创建个性化"广告.docx"文档，保存在学生文件夹中。

（1）在"广告.docx"文档中创建广告，字体、字号、文本位置、图片自定。

（2）页面设置：设置纸张大小为A4，上、下、左、右页边距均为2.0cm。

三、实训样式

实训样式如图4-41~图4-43所示。

四、实训步骤提示

略。

粤港澳大湾区

粤港澳大湾区的发展

随着港珠澳大桥正式开通，粤港澳大湾区正驶上发展的快车道。交通设施的互联互通，是湾区发展的基础和前提。从世界经验看，桥梁对湾区的形成和塑造，极其重要。不论是纽约湾、旧金山湾，还是东京湾，无一不是以桥梁相连。

粤港澳大湾区，指的是珠江口两岸的城市群，包括香港和澳门两个特别行政区，再加广州、深圳、珠海、中山、惠州、东莞、肇庆、江门、佛山这9个广东省内城市。粤港澳大湾区用不足1%的国土面积，不足5%的人口总量，创造了国内生产总值的11%。与世界其他三大湾区对比，粤港澳大湾区在人口、面积、港口吞吐量、旅客吞吐量、GDP增速等几个指标上，排名第一；经济总量，也已超过旧金山湾区，接近纽约湾区。香港是全球金融中心，深圳是全球创新中心，广州是全球商贸中心，东莞、佛山、惠州是全球重要的制造基地，粤港澳大湾区已经具备一个世界大湾区的底气及基础。

万事俱备，只欠东风。这个东风，便是港珠澳大桥的开通，势必极大降低人员、物品流动的时间和成本，促进城市互融互通、协同发展。世界级大湾区，呼之欲出！

实际上，这座桥梁从开工建设到接近完工通车，一路都面临着种种超乎想象的困难与挑战。中国没有经验，只能向外国取经。可是，不是被一口回绝，就是要价太高。中国的建设者们只剩下一条路可以走：自主攻关！港珠澳大桥岛隧工程通过科研攻关，掌握了具有自主知识产权的外海沉管安装成套技术。

作者:王红

图4-41　综合应用一实训样式

课 程 表					
课程 节次	星期	星期一	星期二	星期三	星期四	星期五
上午	12节	C语言	大学语文	FLASH	网络	FLASH
	34节	网络	市场营销	英语	自习	FLASH
午　休					
下午	56节	体育	英语	C语言	数学	团日活动
	78节	自习	选修课	选修课	选修课	
晚 自习					

图4-42　综合应用二实训样式

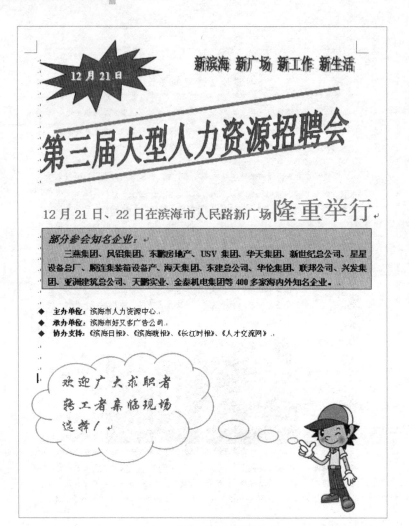

图4-43 综合应用三实训样式

习 题

一、选择题

1. 可以在页面设置对话框中设置的有（　　）。

　A. 版本　　　　　　B. 纸张大小　　　　C. 纸张来源　　　　D. 打印机

2. 用户进行分栏设置是通过（　　）选项卡中的"栏"命令项进行的。

　A. 文件　　　　　　B. 插入　　　　　　C. 布局　　　　　　D. 设计

3. 选定一行最方便快捷的方法是（　　）。

　A. 在行首拖动鼠标至行尾　　　　　　　B. 在该行选定栏位置单击鼠标

　C. 在行首双击鼠标　　　　　　　　　　D. 在该位置右击鼠标

4. 不是 Word 文本的段落对齐方式的是（ ）。

    A. 两端对齐　　　　B. 分散对齐　　　　C. 右对齐　　　　D. 下对齐

5. 在 Word 窗口的工作区中，闪烁的垂直条表示（ ）。

    A. 鼠标位置　　　　B. 插入点　　　　C. 键盘位置　　　　D. 按钮位置

6. 页面设置对话框由四个部分组成，不属于页面对话框的是（ ）。

    A. 版面　　　　B. 纸张大小　　　　C. 纸张来源　　　　D. 打印

7. 在打印文档设置时，以下选项不正确的是（ ）。

    A. 可以确定打印范围　　　　　　　　B. 可以选择纸张的方向

    C. 可以调整页边距　　　　　　　　　D. 可以选择打印的字体

8. 添加脚注和尾注在是通过（ ）选项卡中命令项进行的。

    A. 文件　　　　B. 插入　　　　C. 布局　　　　D. 工具

9. 在 Word 中，用鼠标选定一个矩形区域的文字时，需先按住（ ）键，同时拖动鼠标进行选择。

    A. Alt　　　　B. Shift　　　　C. Enter　　　　D. Ctrl

10. Word "开始" 选项卡下的 "格式刷" 可用于复制文本或段落的格式，若要将选中的文本或段落格式重复应用多次，应执行的操作是（ ）。

    A. 单击格式刷　　　　　　　　　　　B. 双击格式刷

    C. 右击格式刷　　　　　　　　　　　D. 拖动格式刷

11. 在 Word 文档中能插入的图片没有（ ）。

    A. 来自引用　　　　　　　　　　　　B. 自选图形

    C. 艺术字　　　　　　　　　　　　　D. 组织结构图

12. 在表格里编辑文本时，选择整个一行或一列以后，（ ）就能删除其中的所有文本。

    A. 按空格键　　　　　　　　　　　　B. 按【Ctrl＋Tab】组合键

    C. 单击【Enter】键　　　　　　　　　D. 按【Delete】键

13. Word 中在文档里查找指定单词或短语的功能是（ ）。

    A. 搜索　　　　B. 局部　　　　C. 查找　　　　D. 替换

14. Word 只能在（ ）下才能使用绘图工具栏插入图型。

    A. 网页视图　　　　B. 大纲视图　　　　C. 页面视图　　　　D. 阅读视图

15. 在 Word 编辑状态下，利用 "格式刷" 按钮（ ）。

    A. 只能复制文本的段落格式

    B. 只能复制文本的字号格式

    C. 只能复制文本的字体和字号格式

    D. 可以复制文本的段落格式和字号格式

16. Word 中当鼠标指针变为右斜箭头时，表明鼠标位于（ ）。

    A. 选择条　　　　B. 工具栏　　　　C. 状态栏　　　　D. 文本区

17. Word中不可以在"字体"对话框中进行设置的是（　　　）。

    A. 文字大小　　　　B. 文字样式　　　　C. 文字字体　　　　D. 文字颜色

18. 在Word"字体"对话框中，不能设定选中文本的（　　　）。

    A. 行距　　　　　　B. 字符间距　　　　C. 字形　　　　　　D. 字符颜色

19. 在Word的编辑状态下，进行字体设置操作后，按新设置的字体显示的文字是（　　　）。

    A. 插入点所在段落中的文字　　　　　　B. 文档中被选定的文字

    C. 插入点所在行中的文字　　　　　　　D. 文档的全部文字

20. 在Word中显示和阅读文件最佳的视图方式是（　　　）。

    A. 普通视图　　　　　　　　　　　　　B. Web版式视图

    C. 页面视图　　　　　　　　　　　　　D. 大纲视图

21. 在Word中，在页面设置选项中，系统默认的纸张大小是（　　　）。

    A. A4　　　　　　　B. B5　　　　　　　C. A3　　　　　　　D. 16开

22. 在Word的编辑状态下，执行"复制"命令后（　　　）。

    A. 被选择的内容被复制到插入点处

    B. 被选择的内容被复制到剪贴板

    C. 插入点所在的段落被复制到剪贴板

    D. 插入点所在的段落内容被复制到剪贴板

23. Word中对输入的文档进行编辑排版时，首先应（　　　）。

    A. 移动光标　　　　　　　　　　　　　B. 选定编辑对象

    C. 设为普通视图　　　　　　　　　　　D. 打印预览

24. 当用Word图形编辑器的基本绘图工具绘制正方形、圆时，在单击相应的绘图工具按钮后，必须按住（　　　）键来拖动鼠标绘制。

    A. Ctrl　　　　　　B. Alt　　　　　　　C. Shift　　　　　　D. Tab

25. 以下不属于Word文字环绕方式的是（　　　）。

    A. 四周环绕　　　　　　　　　　　　　B. 上下环绕

    C. 穿越环绕　　　　　　　　　　　　　D. 交叉环绕

26. Word只能在（　　　）下才能使用绘图工具栏插入文本框。

    A. Web版式视图　　　　　　　　　　　B. 大纲视图

    C. 页面视图　　　　　　　　　　　　　D. 阅读视图

27. 在Word中，位于文本框中的文字（　　　）。

    A. 是竖排的

    B. 是横排的

    C. 可以设置为竖排，也可以设置为横排

    D. 可以设置为任意角度排版

28. 艺术字的文字环绕方式没有（　　　）。

A. 插入型　　　　B. 四周型　　　　C. 穿越型　　　　D. 衬于文字下方

29. 下列创建表格的操作中，不正确的是（　　　）。

A. 单击"插入"选项卡的"表格"按钮

B. 单击"开始"选项卡的"表格"按钮

C. 选择"表格"下拉列表中的"绘制表格"命令

D. 选择"表格"下拉列表中的"插入表格"命令

30. 在 Word 的编辑状态下，选择了整个表格，然后按【Delete】键，则（　　　）。

A. 整个表格被删除　　　　　　　　B. 表格中一列被删除

C. 表格中的一行被删除　　　　　　D. 表格中的字符被删除

31. 在表格里编辑文本时，选择整个一行或一列以后，（　　　）就能删除其中的所有文本。

A. 按空格键　　　　　　　　　　　B. 按【Ctrl+Tab】组合键

C. 单击【Enter】键　　　　　　　　D. 按【Delete】键

32. 在 Word 中，选定表格的一行并按下工具栏中的"剪切"按钮，则（　　　）。

A. 该行被删除，表格减少一行

B. 该行被删除，并且表格可能被拆分成上下两个表格

C. 仅该行的内容被删除，表格单元变成空白

D. 整个表格被完全删除

33. 在 Word 中，可以利用组合功能将多个对象组合成一个整体，但不能参与组合的对象是（　　　）。

A. 表格　　　　　B. 图形　　　　　C. 文本框　　　　D. 图片

34. 在 Word 表格中，位于第 3 行第 4 列的单元格名称是（　　　）。

A. 3∶4　　　　　B. 4∶3　　　　　C. D3　　　　　D. C4

35. 在 Word 文档窗口中，当"开始"选项卡的"剪切"和"复制"命令项呈浅灰色而不能被选择时，表示的是（　　　）。

A. 选定的文档内容太长

B. 剪贴板放不下，剪贴板里已经有信息了

C. 在文档中没有选定任何信息

D. 正在编辑的内容是页眉或页脚

36. 在 Word 编辑状态下，如果要在文档中输入符号"★"，则应使用（　　　）。

A. "插入"选项卡的"符号"命令　　B. "插入"选项卡的"形状"命令

C. "开始"选项卡的"符号"命令　　D. "设计"选项卡的"效果"命令

37. 段落样式包括（　　　）。

A. 字体　　　　　　　　　　　　　B. 加粗

C. 行间距、段间距　　　　　　　　D. 红色

38. 字符样式包括（　　　）。

A. 段前、段后   B. 字体、字形

C. 对齐方式   D. 首行缩进

39. 用 Word 编辑文档时，插入的图片默认为（　　）。

    A. 嵌入型   B. 四周型

    C. 紧密型   D. 上下型

40. 在 Word 中编辑文本时，删除光标右边的一个字符可以按（　　）键。

    A. BackSpace   B. Delete

    C. Alt   D. Ctrl

二、判断题

1. 在 Word 中，按【Enter】键可以添加一个段落。   （　　）

2. 在 Word 中对文档分为多栏，可以在"插入"选项卡下进行。   （　　）

3. 使用"页眉和页脚"对话框，可以插入日期、页数以及页码。   （　　）

4. 用鼠标直接拖动边框来调整列宽时，边框左右两侧的列宽都将发生改变。（　　）

5. 使用 Word 的格式刷只能复制文字的格式，不能复制段落的格式。   （　　）

6. 使用"插入表格"按钮的方式适合于创建行、列数较多的表格。   （　　）

7. 公式"SUM(LEFT)"，表示要计算左边各列的平均值。   （　　）

8. 在 Word 表格中，只能合并拆分单元格不能合并拆分表格。   （　　）

9. 在 Word 中可为文字、图片、表格设置边框和底纹。   （　　）

10. 要想让 word 自动生成目录，不用建立大纲索引。   （　　）

项目五

Excel 2016 电子表格处理软件及应用

办公自动化中除文字处理工作之外，涉及较多的就是数据表格的处理，尽管 Word 2016 中应用也包含了表格处理部分，但提供的功能有限，只能处理一些简单的表格，对比较复杂的表格，特别是数据表格的处理，则需要用 Excel 2016 电子表格处理软件才行，Excel 2016 电子表格处理软件是 Office 2016 办公套装软件中另一重要组件，在电子表格制作、数据运算、数据图表化和数据管理方面功能强大。

学习目标

（1）掌握 Excel 2016 在电子表格制作、数据运算、数据图表化和数据管理方面的主要功能。

（2）掌握 Excel 2016 主要功能在实际中的应用。

Excel 2016 基础应用

任务一　制作数据电子表格

视频

制作数据电子表格

任务描述

制作图 5-1 所示的"学生课程成绩表"，要求工作表中字体设置为宋体、18 磅，不及格的科目成绩用"红色"显示，数值数据保留整数，非数字数据蓝色显示，所有数据水平垂直居中，并将 A1:F1 单元格区域合并后居中，A9:F9 单元格区域合并后右对齐，添加粗实线蓝色外框和细实线黑色内分隔线以及浅绿色底纹，并调整行高和列宽。

学生课程成绩表					
学号	系名	姓名	计算机	高数	英语
0010901	信息学院	蔡路	90	91	58
0010902	信息学院	张洪	90	91	82
0010903	电子学院	郑波	90	91	85
0010904	动力学院	梁玲	90	78	65
0010905	动力学院	周琳	63	66	43
0010906	电子学院	林杰	80	70	75
				2020/6/10 10:30	

图5-1　学生课程成绩表

知识准备

完成任务一需要了解的知识要点：

1. Excel 2016软件启动

选择"开始"→"所有程序"→Microsoft Office→Microsoft Excel 2016命令，即可启动Excel 2016。此外，双击桌面Excel 2016快捷图标和Excel 2016工作簿，也可快速启动Excel 2016。启动后的Excel 2016界面如图5-2所示。

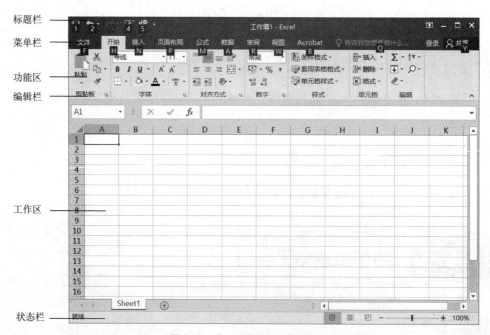

图5-2　Excel 2016工作界面

2. Excel 2016的窗口结构

Excel 2016的窗口结构与Word 2016基本相同，也是由标题栏、功能区、工作区、状态栏等组成，不同的是，在Excel 2016的窗口结构中有一个编辑栏，而且工作区是一张二维表格。

1）编辑栏

Excel 2016的编辑栏是特有的，由名称框、"插入函数"按钮 fx 和编辑栏组成。其中名称框用于显示活动单元格的地址，"插入函数"按钮 fx 用于活动单元格的函数输入，编辑栏的编辑区用于显示和编辑活动单元格的数据和公式。当向单元格输入数据或单击按钮 fx 时，编辑栏中间将增加另外两个按钮 ✕ ✓，称为工具按钮，其中按钮 ✓ 表示确认输入内容，按钮 ✕ 表示取消对单元格内容的输入或修改，退出编辑。

2）工作区

编辑栏下方是工作表区域，其中，名称框下面灰色的小方块是"全选按钮"，单击它可以选中当前工作表的全部单元格。全选按钮右边的A, B, …AA, AB, …, IV是列标题，共有256列，单击列标题可以选中相应的列。"全选"按钮下面的1, 2, 3, …是行标题，由上而下为1～65 536；单击行标题可以选中相应的行。中间最大的区域就是Excel 2016的工作区，也就是显示表格内容的地方。

3）工作簿、工作表和单元格

Excel 2016创建或处理的文件称为工作簿，其扩展名为.xlsx。一个工作簿默认只有Sheet1工作表。工作表可以根据操作需要进行添加或删除，但最多只能添加255张工作表，单击某个表的名字，就可以"激活"这张工作表，使它成为活动工作表。4个带箭头的按钮是标签滚动按钮，当工作表比较多时，用标签滚动按钮可改变标签的显示。

单元格是工作表中的每一个矩形框，是Excel的最小组成单位，它是基本的"存储单元"，可输入或编辑基本数据，如字符串、数据、公式、图形或声音等。每一个单元格都有固定的地址，由单元格的列、行编号并列在一起表示，例如，A1表示第1列与第1行交叉处的单元格。

任务分析

"学生课程成绩表"属于数据电子表格，其制作一般包括工作簿的创建、数据的输入、编辑和格式化等过程。

1. 建立工作簿

工作簿的创建可以通过先启动Excel 2016软件，然后在打开的窗口中建立新的空白工作簿、模板工作簿和打开现有工作簿等，另外空白工作簿也可以通过右击快捷菜单建立。

2. 数据的输入

数据一般有文本、数值、日期、时间等类型，一般地，离散数据通常从键盘直接输入，方法是：先单击工作表标签，使它成为当前工作表，并单击待输入数据的单元格使之成为活动单元格，便可输入数据，但此时由键盘输入的数据只是显示在活动单元格中，要真正将数据输入到活动单元格，按【Enter】键（确认输入内容且活动单元格下移）、【Tab】键（确认输入内容且活动单元格右移）或单击编辑栏的"✓"按钮（只确认输入内容活动单元格不移动）即可。若按【Esc】键或单击编辑栏中的"×"按钮取消本次操作。

1）文本的输入

文本有非数字型文本和数字型文本两种，非数字型文本的输入和在 Word 2016 文档中输入文字一样。

数字型文本是指由数组成的，但又没有数的功能的数据（如电话号码、学号）。数字型文本的输入，要在数字前加英文标点单引号"'"，否则系统会将它们作为数值处理。

默认情况下文本在单元格中自动左对齐，若输入数据太长时，而右侧单元格无内容时，则扩展覆盖右侧单元格，否则，截断显示，此时输入的内容被保护起来，只要拖动列分隔线改变单元格的列宽就可以将隐藏的数据显示出来；输完数据后，按【Enter】键，确认并下移，按【Tab】键，确认并右移；按【Esc】键，可取消输入的内容。

2）数值的输入

数值类型的数据是可以进行数值运算的数据，默认情况下，数值数据中的整数和小数可以像非数字型文本一样直接输入到活动单元格中，如果输入分数，为了和"日期型"数据区别，应先输入0和空格，再输入分数。例如，输入"0 1/4"可得到1/4。如果输入的数值带格式（如¥5.40、35%、100.00），则右击该单元格，选择"设置单元格格式"命令，弹出"设置单元格格式"对话框，设置数值的格式后再输入，输入的数值在单元格中右对齐。

3）日期和时间的输入

输入日期和时间时，要用"/"或"–"分隔年、月、日部分。例如，2020/6/10、2020-6-10。时间的格式是hh:mm:ss（am/pm），例如，10:30:00 am。也可以同时输入日期和时间，但必须在日期和时间之间加一个空格，如，2020/6/10 10:30:00 am。输入的日期和时间在单元格中右对齐。

3. 数据的填充输入

如果要输入的是有规律的数据，可利用Excel 2016提供的自动填充功能快速输入，不必从键盘一一输入，一般可自动填充的有以下几种数据：

1）填充相同的数据

在输入第一个数据后，移动鼠标指针到单元格右下角的黑方块（即填充柄）处，当指针变成小黑十字形状时，按住鼠标左键，拖拉填充柄经过目标区域，到达目标区域后释放鼠标，自动填充完毕，此时就在一组连续单元格中填充了相同的数据。如果需要填充递增的数据，则应在填充的同时按住【Ctrl】键。也可以选定要输入相同数据的多个单元格（不连续也可以），输入数据然后按【Ctrl + Enter】组合键，即可在多个连续或不连续单元格中同时输入相同的数据。

2）填充序列数据

序列数据包括非内置序列数据和内置序列数据两种。非内置序列数据的（如等差序列和等比序列）填充方法是：选中两个已输入数据的单元格，移动鼠标指针到单元格右下角的黑方块即填充柄处，当指针变成小黑十字形状时，按住鼠标左键往下拖拉（见图5-3），系统将根据两个单元格的类型（默认的类型是等差序列）在拖拉过的单元格内依次填充有规律的数据，如图5-4所示。

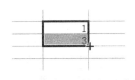

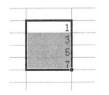

图5-3　填充序列数据示意图　　　　　图5-4　序列数据填充结果

或者单击"开始"→"编辑"→"填充"→"序列"按钮，在弹出的"序列"对话框中进行相关序列选项的选择，如图5-5所示，也可实现序列数据的填充。

内置序列数据的（如星期和天干等）填充方法是：选中一个已输入数据的单元格，移动鼠标指针到单元格右下角的填充柄处，当指针变成小黑十字形状时，按住鼠标左键往下拖拉即可将序列填充在拖拉过的单元格内。

3）填充自定义序列数据

除了等差序列和等比序列，一些常用的非内置序列数据（如A，B，…）可以先自定义再填充，方法是：选中已输入序列的单元格区域，然后单击"文件"→"选项"按钮，弹出"Excel选项"对话框，并切换到"高级"选项中，在"常规"组单击"编辑自定义列表"按钮，弹出"自定义序列"对话框，单击"导入"按钮即可，如图5-6所示。也可以在"自定义序列"对话框的"输入序列"中输入新序列的项目，各项目之间用半角逗号分隔，也可输入一个项目后按【Enter】键，然后单击"添加"按钮，将输入的序列保存起来。建立自定义序列后，在单元格中输入序列任何一个，即可用拖动填充柄的方法完成序列中其他数据元素的循环输入。

图5-5　"序列"对话框　　　　　　图5-6　"自定义序列"对话框

4. 数据的编辑

输入的数据可以根据需要进行修改、移动、复制、删除和清除等编辑处理。

1）修改单元格数据

修改单元格中的数据有两种情形，一是全部修改单元格中的数据，通常采用的方法是：选定单元格后直接输入新数据，二是部分修改单元格中的数据。通常采用的方法是：先双击所要修改的单元格，然后选定其中要修改的内容并输入新数据；也可以选中要修改数据的单元格后，在编辑栏中修改。修改完毕后按【Enter】键或单击"√"按钮确认，按【Esc】键或单击"×"按钮可放弃修改。

2）移动和复制单元格数据

移动和复制单元格中的数据是数据编辑常用操作，通常方法是：单击"开始"→"剪贴板"→"剪切"（或"复制"）与"粘贴"按钮来移动或复制数据。移动和复制单元格中的数据既可以在同一张工作表中进行，也可以在不同工作表间进行。当单元格数据移动或复制到新的位置时，将覆盖新位置上的内容和格式。

数据移动和复制也可用鼠标操作，方法是：移动单元格数据时，移动鼠标指针到单元格四周边框上，当鼠标指针变成向左的空心箭头时，按下鼠标左键拖放到另一单元格，如图5-7所示；复制单元格数据时，移动鼠标指针到单元格四周边框上，当鼠标指针变成向左的空心箭头时，按住【Ctrl】键和鼠标左键拖放到另一单元格即可，如图5-8所示。

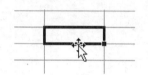

图5-7　移动时鼠标指针的形状

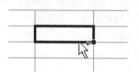

图5-8　复制时鼠标指针的形状

如果用户仅想复制单元格的部分信息，例如，只复制数值，而不包括公式、格式等信息，则可以通过"选择性粘贴"命令实现特殊的移动和复制操作。方法是：复制数据后，单击"开始"→"剪贴板"→"粘贴"下拉按钮，选择"选择性粘贴"选项，弹出"选择性粘贴"对话框，如图5-9所示，在其中选择要粘贴的项目即可复制单元格中的部分信息。

3）单元格数据的清除

单元格数据可以全部清除，也可以有选择地清除，方法是：选中要清除数据的单元格，然后单击"开始"→"编辑"→"清除"下拉按钮，在弹出的下拉列表框中选择"全部清除"（清除单元格的所有信息）、"清除格式"（清除单元格的所有格式）、"清除内容"（清除单元格的数据）、"清除批注"（清除单元格的注释）、"清除超链接"（清除

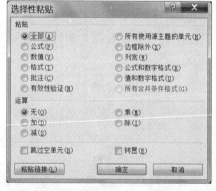

图5-9　"选择性粘贴"对话框

单元格的超链接）。如果选定单元格后按【Delete】键仅仅清除了单元格内容，而公式、格式等信息仍存储在该单元格中。

4）插入和删除单元格、行和列

插入单元格、行和列：选定插入新位置（可以是某个单元格、行或列），然后单击"开始"→"单元格"→"插入"下拉按钮，在弹出的下拉列表中单击"插入单元格"（"插入工作表行"或"插入工作表列"）按钮，弹出"插入"对话框（见图5-10），选择一种插入方式，然后单击"确定"按钮。操作中插入的空行（或列）数与选定的行（或列）数相同。

　　插入单元格、行和列也可以通过右击某一指定单元格，在快捷菜单中选择"插入"命令，在弹出的"插入"对话框中选择单元格、行和列插入。

　　删除单元格、行和列：选定要删除的单元格、行和列，然后单击"开始"→"单元格"→"删除"下拉按钮，在弹出的下拉列表中单击"删除单元格"（"删除工作表行"或"删除工作表列"）按钮，弹出"删除"对话框，如图5-11所示，选择一种删除方式，然后单击"确定"按钮。

图5-10　"插入"对话框　　　　　　　图5-11　"删除"对话框

5. 工作表的格式化

　　与Word文档处理一样，经过数据的输入和编辑确保了工作表数据准确性后，接下来的工作就是格式化工作表，使工作表更美观、规范。一般地，工作表格式化主要包括设置单元格格式、调整工作表的行高和列宽、设置条件格式等。

　　1）设置单元格格式

　　通常设置单元格格式的方法是：选定要格式化的单元格，然后单击"开始"→"字体"（或"数字""对齐方式"）组中的选项进行格式设置。也可以单击"字体"（或"数字""对齐方式"）对话框启动按钮，弹出"设置单元格格式"对话框，进行格式设置。或右击单元格，选择快捷菜单中的"设置单元格格式"命令，弹出"设置单元格格式"对话框进行格式设置。

　　2）调整工作表的行高和列宽

　　调整工作表的行高和列宽，通常方法是：将鼠标指针指向工作表中需要改变宽度的行号或列号的分隔线上，待光标变成双向箭头时，拖动双向箭头即可改变行高或列宽。或者单击"开始"→"单元格"→"格式"下拉按钮，在弹出的下拉列表框中选择"行高"或"列宽"命令，在弹出的对话框中输入行高或列宽的值，然后，单击"确定"按钮就可以更精细地调整行高和列宽。

　　3）设置条件格式

　　设置条件格式是为不同数据设定不同格式的一种格式设置方式，它可以使数据在满足不同条件时显示不同的格式。设置条件格式的通常方法是：单击"开始"→"样式"→"条件格式"下拉按钮，在弹出的下拉列表框中单击"新建规则"按钮，弹出"新建格式规则"对话框，选择其中的规则选项为符合条件的数据设置条件格式，以突出显示相应的数据。

　　4）设置边框和底纹

　　设置边框和底纹的方法是：选定所有数据区域，单击"开始"→"字体"→"边框"

下拉按钮，然后选择"其他边框"，打开"设置单元格格式"对话框，选择"边框"选项卡，并在"直线"组"样式"列表中选择线条样式，在"颜色"下拉列表中选择颜色，然后单击"预置"中的"外边框"图标；重新在"样式"中选择线条样式，在"颜色"下拉列表框中选择颜色，然后单击"预置"中的"内部"图标；单击"确定"按钮。则为所有数据区域添加外框和内分隔线。然后打开"设置单元格格式"对话框，选择"填充"选项卡，并在"背景色"中选择颜色。

任务实施

（1）创建工作簿：选择"开始"→"所有程序"→Microsoft Office→Microsoft Excel 2016命令，启动并打开Excel 2016窗口时，默认创建一个名为"工作簿1"的空白工作簿。

（2）非数字型文本的输入：选中A1单元格为活动单元格，输入"学生课程成绩表"，依次按图5-12所示输入内容文本。

（3）数字型文本的输入：选中A3单元格为活动单元格，输入"'0010901"，结果如图5-13所示。

A	B	C	D	E	F
学生课程成绩表					
学号	学院名称	姓名	计算机	高数	英语
	信息学院	蔡路			
	信息学院	张洪			
	电子学院	郑波			
	动力学院	梁玲			
	动力学院	周琳			
	电子学院	林杰			

图5-12　非数字型文本输入

A	B	C	D	E	F
学生课程成绩表					
学号	学院名称	姓名	计算机	高数	英语
0010901	信息学院	蔡路			
	信息学院	张洪			
	电子学院	郑波			
	动力学院	梁玲			
	动力学院	周琳			
	电子学院	林杰			

图5-13　数字型文本输入

（4）数值的输入：选中D3单元格为活动单元格，输入"90"，依次按图5-14所示输入。

（5）日期和时间的输入：选中A9单元格为活动单元格，输入"2020/6/10 10:30"，结果如图5-15所示。

（6）学号填充输入：移动鼠标到A3单元格右下角的黑方块（即填充柄）处，当指针变成小黑十字形状时，按住鼠标左键拖拉填充柄从A3到A8，放开鼠标学号填充完毕，如图5-16所示。

（7）设置字体格式：选择字体单元格区域并设置为宋体、18磅（注：不连续区域的选择要按【Ctrl】键），然后单击"开始"→"字体"→"字体颜色"下拉按钮，选择蓝色。

A	B	C	D	E	F
学生课程成绩表					
学号	学院名称	姓名	计算机	高数	英语
0010901	信息学院	蔡路	90	91	58
	信息学院	张洪	90	91	82
	电子学院	郑波	90	91	85
	动力学院	梁玲	90	78	65
	动力学院	周琳	63	66	43
	电子学院	林杰	80	70	75

图5-14　"数值"的输入

A	B	C	D	E	F
学生课程成绩表					
学号	学院名称	姓名	计算机	高数	英语
0010901	信息学院	蔡路	90	91	58
	信息学院	张洪	90	91	82
	电子学院	郑波	90	91	85
	动力学院	梁玲	90	78	65
	动力学院	周琳	63	66	43
	电子学院	林杰	80	70	75
2020/6/10 10:30					

图5-15　"日期时间"的输入

（8）设置条件格式：选择 D3:F8，然后单击"开始"→"样式"→"条件格式"下拉按钮，在弹出的下拉列表框中单击"新建规则"按钮，弹出"新建格式规则"对话框，选择"选择规则类型"列表框中的"只为包含以下内容的单元格设置格式"类型，并输入条件，如图 5-17 所示。

图 5-16　"填充"学号

图 5-17　"新建格式规则"对话框

单击"格式"按钮，弹出"设置单元格格式"对话框，在"字体"选项卡的"颜色"下拉列表框中选择红色，然后单击"确定"按钮，返回"新建格式规则"对话框，单击"确定"按钮，不及格的科目成绩即呈"红色"显示。

（9）设置整数格式：选定数值数据区域，然后单击"开始"→"数字"→"减少小数位数"按钮，或单击"数字"→"常规"下拉按钮，单击"其他数字格式"按钮，或右击单元格，选择快捷菜单中的"设置单元格格式"命令，在弹出的"设置单元格格式"对话框中选择"数字"选项卡"分类"中的"数值"，并设置"小数位数"为 0，单击"确定"按钮，则数值数据只保留整数。

（10）设置居中格式：选定所有数据区域（第 9 行除外），然后单击"开始"→"对齐方式"→"垂直居中"和"居中"按钮，或右击单元格，弹出"设置单元格格式"对话框，选择"对齐"选项卡，设置"水平对齐"和"垂直对齐"都为居中，单击"确定"按钮，所有数据水平和垂直居中。

（11）设置单元格区域合并对齐格式：选定 A1:F9 单元格区域，然后单击"开始"→"对齐方式"→"合并后居中"按钮；或右击单元格，在弹出的"设置单元格格式"对话框中选择"对齐"选项卡，并在"文本控制"中选择"合并单元格"复选框，单击"确定"按钮。则 A1:F9 单元格区域合并后右对齐。

（12）设置边框底纹格式：选定所有数据区域，打开"设置单元格格式"对话框，选择"边框"选项卡，并在"线条样式"中选择"粗实线"，在"颜色"下拉列表中选择"蓝色"，然后单击"预置"中的"外边框"图标；重新在"线条样式"中选择"细实线"，在"颜色"下拉列表中选择"黑色"，然后单击"预置"中的"内部"图标；单击"确定"按钮。则为所有数据区域添加粗实线蓝色外框和细实线黑色内分隔线。或单击

"开始"→"字体"→"边框"下拉按钮进行边框格式设置。选定所有数据区域，然后单击"开始"→"字体"→"填充颜色"下拉按钮，选择浅绿色，单击"确定"按钮。或打开"设置单元格格式"对话框，选择"填充"选项卡，并在"背景色"中选择浅绿色。最终结果如图5-1所示。

知识拓展

数据验证输入和工作表的快速格式化。

1. 数据验证输入

为了保证输入数据的正确性，Excel提供了一种验证输入。例如，在输入学生成绩时，输入的分数应大于或等于0并且小于或等于100，否则显示错误提示，这就需要进行验证输入设置。首先选定输入区域，单击"数据"→"数据工具"→"数据验证"按钮，弹出"数据验证"对话框，如图5-18所示，选择"设置"选项卡，在验证条件的"允许"下拉列表中选择"小数"，在"数据"下拉列表中选择"介于"，在"最小值"文本框中输入0，在"最大值"文本框中输入100，设置完成后单击"确定"按钮。以后在该单元格输入的成绩小于0或大于100时，系统会显示错误提示。

图5-18 "数据验证"对话框

2. 工作表的快速格式化

与Word文档内置有格式模板一样，Excel 2016也内置有大量的已经格式化的单元格样式和表格格式，操作中可根据实际需要直接套用。

1）套用单元格样式

套用内置的单元格样式，通常的方法是：选中要进行格式设置的单元格区域，然后单击"开始"→"样式"→"单元格样式"下拉按钮，在弹出下拉列表中选择需要的单元格样式即可。在"单元格样式"下拉列表中，除了提供可供套用的单元格样式外，还提供了新建和合并样式的功能。

"新建单元格样式"选项用于建立内置的单元格样式之外的新样式，方法是：单击"开始"→"样式"→"单元格样式"下拉按钮，在弹出的下拉列表中单击"新建单元格样式"按钮，弹出"样式"对话框，即可设置新样式，如图5-19所示。

"合并样式"选项用于工作簿之间新建样式相互套用，通常情况下，在一个工作簿中新建的样式只能在该工作簿中调用，如果要在其他工作簿中调用，先通过"合并样式"选项将新样式合并到新工作簿后才能套用，方法是：同时打开保存了新样式的工作簿和要套用新样式的工作簿，然后在要套用新样式工作簿的窗口中单击"开始"→"样式"→"单元格样式"下拉按钮，在弹出的下拉列表中单击"合并样式"按钮，弹出"合并样式"对话框，然后选择"工作簿1"并单击"确定"按钮即可，如图5-20所示。

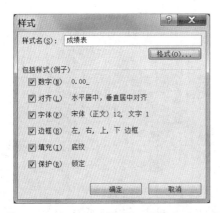

图5-19 "样式"对话框

图5-20 "合并样式"对话框

2）套用表格格式

Excel 2016不仅内置有很多已经格式化的单元格样式，而且也内置有很多已经格式化的表格样式，套用内置表格样式的方法是：选中数据区域中任意一个单元格，然后单击"开始"→"样式"→"套用表格格式"下拉按钮，在弹出的下拉列表中选择需要的表格样式即可。在"套用表格格式"下拉列表中除了提供可供套用的表格格式外，还有"新建表格样式"和"新建数据透视表样式"选项。

"新建表样式"选项用于建立新的表格样式，方法是：单击"开始"→"样式"→"套用表格格式"下拉按钮，在弹出的下拉列表中单击"新建表格样式"按钮，弹出"新建表样式"对话框，即可设置新表格样式，如图5-21所示。

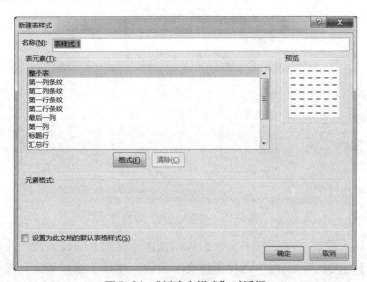

图5-21 "新建表样式"对话框

● 视频

数据的运算

任务二　数据的运算

任务描述

在如图5-22所示的学生课程成绩表中计算各学生的总分、平均分和课程最高分（只保留整数）。

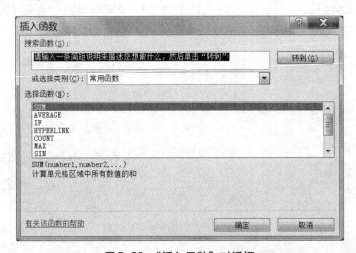

学生课程成绩表							
学号	学院名称	姓名	计算机	高数	英语	总分	平均分
0010901	信息学院	蔡路	90	91	58		
0010902	信息学院	张洪	90	91	82		
0010903	电子学院	郑波	90	91	85		
0010904	动力学院	梁玲	90	78	65		
0010905	动力学院	周琳	63	66	43		
0010906	电子学院	林杰	80	70	75		
课程最高分							
2020/6/10 10:30							

图5-22　学生课程成绩表

知识准备

数据运算是Excel 2016的强项，其内置的13类近400余种函数，可以对工作表中的数据进行求和、求均值、汇总等复杂的计算，并将计算结果自动返回所选定的单元格中，保证了计算结果和输入数据的准确性，Excel 2016除了内置函数供调用之外，还提供自定义公式的功能，以满足数据计算的需要。使用函数和公式时需要了解的知识要点：

1. 函数的应用

函数是Excel 2016内置的用于数值计算和数据处理的计算公式，由3部分组成，即函数名、参数和括号，例如，SUM(A1:A8)实现将区域A1:A8中的数值相加的功能。函数使用的方法是：

（1）选定返回计算结果的单元格，然后单击编辑栏中的按钮 *fx*，弹出"插入函数"对话框，如图5-23所示。

图5-23　"插入函数"对话框

（2）在"插入函数"对话框中，分别从"或选择类别"下拉列表中选择合适的函数类型，从"选择函数"列表框中选择所需要的函数，然后单击"确定"按钮，打开所选函数的"函数参数"对话框，如图5-24所示，显示了该函数的函数名、函数的每个参数，以及参数的说明、函数的功能和计算结果。

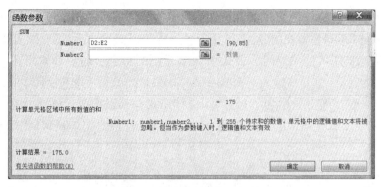

图5-24　"函数参数"对话框

（3）在参数输入框中输入参数（参数输入可通过单击参数输入框右端的"窗口折叠"按钮，转到工作表中用鼠标选择，或直接用鼠标到工作表中选定所需单元格区域），函数结果便显示在下方的"计算结果"栏中，如图5-24所示；单击"确定"按钮后，运算结果被返回单元格中。

2. 公式的应用

公式是各单元格数据之间的运算关系式，由运算符、常量、函数、单元格地址组成，其一般格式为：返回计算结果的单元格地址 = 运算符、常量、函数、单元格地址组成的表达式。数据计算时，在选定返回计算结果的单元格中输入公式即可。公式的应用方法是：

1）确定计算公式

应用公式进行数据计算时，计算公式的确定是关键，方法是：首先建立计算一般公式，然后确定计算具体公式，最后引用单元格地址代替具体计算公式中相应的数据即为数据计算公式。

例如，计算本项目案例中蔡路同学的总分。公式的确定过程如下：

一般公式：总分 = 计算机 + 高数 + 英语。

具体公式：蔡路总分 = 90 + 91 + 58。

计算公式：G3 = D3 + E3 + F3。

2）计算公式的输入

公式"G3 = D3 + E3 + F3"确定后，需将之输入G3单元格中，方法是：单击G3单元格（相当于输入公式左边部分），然后输入"="（相当于输入公式等号部分），再在等号后直接输入表达式：D3 + E3 + F3最后按【Enter】键或单击编辑栏上的"√"按钮即可。也就是在G3单元格中输入 = D3 + E3 + F3，然后按【Enter】键，计算结果就会返回G3单元格。

在一个单元格中输入公式后，如果相邻的单元格中需要进行同类型的计算，可以利用复制公式的方法自动填充到各单元格，即用拖动填充柄的方法完成公式自动填充。

3. 单元格地址的引用

引用单元格地址代替相应的数据时，引用的单元格地址方式不同，公式的计算结果则不一样。在Excel中单元格地址有相对引用、绝对引用和混合引用3种引用方式。

1）相对引用

相对引用是 Excel 默认的单元格引用方式，是基于单元格间相对位置关系的一种引用，当将公式复制到其他位置时，公式中对单元格的引用会随着公式所在单元格位置的改变而改变。如在 C1 单元格输入了公式 = A1 + B1，若把公式复制到 C2 单元格，公式所在单元格列数未变，而行数增加了 1，为了保持公式与其引用单元格之间的相对位置关系不变，则复制到 C2 单元格中的公式变为 = A2 + B2，若将公式复制到 D2 单元格，则公式变为 = B2 + C2。

2）绝对引用

绝对引用是在列号和行号前均加上符号 $ 的单元格引用方式，如 $A$1。绝对引用指向工作表中固定位置的单元格，公式复制时，采用绝对引用方式引用的单元格地址将不随公式位置的变化而变化。如在 C1 单元格输入了公式 = $A$1 + $B$1，若把公式复制到 C2 单元格，公式保持不变。

3）混合引用

混合引用指单元格地址部分采用相对引用，部分采用绝对引用，如行采用相对引用，列采用绝对引用；或列采用相对引用，行采用绝对引用，如 $A1、A$1。复制公式时，地址中相对引用部分会随公式位置的变化而变化，而绝对引用部分则保持不变。

4）跨表引用

在 Excel 中，还允许在当前工作表的单元格中引用其他工作表中的单元格，方法是在单格地址引用前加上工作表名和！，如要在 Sheet1 工作表中引用 Sheet2 工作表中的 B1 单元格，则应在公式中输入 Sheet2!B1。

任务分析

各学生的总分、平均分和课程最高分如一一计算出结果再输入工作表，这样计算量非常大，通常是用公式（或函数）输入方法输入。Excel 2016 具有强大的对表格的数据做复杂运算的功能，使用公式和函数可以对工作表中的数据进行求和、求均值、汇总等复杂的计算，并将计算结果自动输入到所选定的单元格中，保证了计算结果和输入数据的准确性。

任务实施

（1）使用函数计算总分：选定单元格 G3，单击编辑栏中的按钮 *fx*，在"插入函数"对话框中，从"或选择类别"下拉列表中选择"常用函数"，从"选择函数"列表框中选择求和函数 SUM，单击"确定"按钮，弹出"函数参数"对话框，然后用鼠标在工作表中选定 D3:F3 单元格区域，则在参数输入框自动输入参数 D3:F3，单击"确定"按钮，运算结果被返回单元格 G3 中，如图 5-25 所示。

其他同学的课程成绩总分可通过自动填充输入，方法是移动鼠标到单元格右下角的黑方块（即填充柄）处，当指针变成小黑十字形状时，按住鼠标左键，拖拉填充柄经过目标区域，当到达目标区域后，释放鼠标左键，即可自动填充完毕，如图 5-26 所示。

（2）使用函数计算平均分：选定单元格 H3，单击编辑栏中的按钮 *fx*，在"插入函数”对话框中，从“或选择类别”下拉列表中选择“常用函数”，从“选择函数”列表框中选择求和函数AVERAGE，单击“确定”按钮，弹出“函数参数”对话框，然后用鼠标在工作表中选定D3:F3单元格区域，则在参数输入框中自动输入参数D3:F3，单击“确定”按钮后，运算结果被返回单元格H3中。其他同学的课程成绩平均分自动填充输入，如图5-27所示。

学生课程成绩表							
学号	学院名称	姓名	计算机	高数	英语	总分	平均分
0010901	信息学院	蔡路	90	91	58	239	
0010902	信息学院	张洪	90	91	82		
0010903	电子学院	郑波	90	91	85		
0010904	动力学院	梁玲	90	78	65		
0010905	动力学院	周琳	63	66	43		
0010906	电子学院	林杰	80	70	75		
课程最高分							
						2020/6/10 10:30	

图5-25　使用函数计算总分

学生课程成绩表							
学号	学院名称	姓名	计算机	高数	英语	总分	平均分
0010901	信息学院	蔡路	90	91	58	239	
0010902	信息学院	张洪	90	91	82	263	
0010903	电子学院	郑波	90	91	85	266	
0010904	动力学院	梁玲	90	78	65	233	
0010905	动力学院	周琳	63	66	43	172	
0010906	电子学院	林杰	80	70	75	225	
课程最高分							
						2020/6/10 10:30	

图5-26　总分填充结果图

（3）数值数据只保留整数：选定H3:H8单元格区域，单击“开始”→“字体”（或“数字”“对齐方式”）对话框启动按钮，弹出“设置单元格格式”对话框，选择“数字”选项卡“分类”中的“数值”，并设置“小数位数”为0，单击“确定”按钮，则数值数据只保留整数，如图5-28所示。

学生课程成绩表							
学号	学院名称	姓名	计算机	高数	英语	总分	平均分
0010901	信息学院	蔡路	90	91	58	239	79.67
0010902	信息学院	张洪	90	91	82	263	87.67
0010903	电子学院	郑波	90	91	85	266	88.67
0010904	动力学院	梁玲	90	78	65	233	77.67
0010905	动力学院	周琳	63	66	43	172	57.33
0010906	电子学院	林杰	80	70	75	225	75
课程最高分							
						2020/6/10 10:30	

图5-27　使用函数计算平均分

学生课程成绩表							
学号	学院名称	姓名	计算机	高数	英语	总分	平均分
0010901	信息学院	蔡路	90	91	58	239	80
0010902	信息学院	张洪	90	91	82	263	88
0010903	电子学院	郑波	90	91	85	266	89
0010904	动力学院	梁玲	90	78	65	233	78
0010905	动力学院	周琳	63	66	43	172	57
0010906	电子学院	林杰	80	70	75	225	75
课程最高分							
						2020/6/10 10:30	

图5-28　数值数据只保留整数

（4）使用函数计算最高分：选定D9单元格，单击编辑栏中的按钮fx，在“插入函数”对话框中，从“或选择类别”下拉列表中选择“常用函数”，从“选择函数”列表框中选择条件函数MAX，单击“确定”按钮，弹出“函数参数”对话框，然后用鼠标在工作表中选定D3:D8单元格区域，则在参数输入框中自动输入参数D3:D8，单击“确定”按钮后，运算结果被返回D9单元格中。其他课程成绩的最高分自动填充输入，如图5-29所示。

学生课程成绩表							
学号	学院名称	姓名	计算机	高数	英语	总分	平均分
0010901	信息学院	蔡路	90	91	58	239	79.67
0010902	信息学院	张洪	90	91	82	263	87.67
0010903	电子学院	郑波	90	91	85	266	88.67
0010904	动力学院	梁玲	90	78	65	233	77.67
0010905	动力学院	周琳	63	66	43	172	57.33
0010906	电子学院	林杰	80	70	75	225	75
课程最高分			90	91	85		
						2020/6/10 10:30	

图5-29　使用函数计算最高分

　　求和运算在Excel中较多使用，所以Excel 2016在"公式"选项卡的"函数库"组中提供了"自动求和"按钮 ，单击"自动求和"按钮后，将对选定的单元格区域自动求和。另外，在"自动求和"下拉列表中，还提供了自动求平均值、计数、最大值、最小值选项，使用的方法是：选定返回计算结果的单元格，单击"自动求和"下拉按钮，选择相应函数，然后选定数据区域，单击"确定"按钮即可。

知识拓展

Excel 2016中的常用函数及其用法。

1. Excel 2016中的常用函数

Excel 2016中的函数共有11类，分别是数据库函数、日期与时间函数、工程函数、财务函数、信息函数、逻辑函数、查询和引用函数、数学和三角函数、统计函数、文本函数以及用户自定义函数。比较常用的有如下函数：

1）SUM函数

函数名称：SUM。

主要功能：计算所有参数数值的和。

使用格式：SUM(Number1,Number2…)。

参数说明：Number1、Number2、…代表需要计算的值，可以是具体的数值、引用的单元格（区域）、逻辑值等。

特别说明：如果参数为数组或引用，只有其中的数字将被计算。数组或引用中的空白单元格、逻辑值、文本或错误值将被忽略。

2）AVERAGE函数

函数名称：AVERAGE。

主要功能：求出所有参数的算术平均值。

使用格式：AVERAGE(Number1,Number2,…)。

参数说明：Number1,Number2,…是需要求平均值的数值或引用单元格（区域），参数不超过30个。

特别提醒：如果引用区域中包含0值单元格，则计算在内；如果引用区域中包含空白或字符单元格，则不计算在内。

3）MAX函数

函数名称：MAX。

主要功能：求出一组数中的最大值。

使用格式：MAX(Number1,Number2，…)。

参数说明：Number1,Number2，…代表需要求最大值的数值或引用单元格（区域），参数不超过30个。

特别提醒：如果参数中有文本或逻辑值，则忽略。

4）MIN函数

函数名称：MIN。

主要功能：求出一组数中的最小值。

使用格式：MIN(Number1,Number2，…)。

参数说明：Number1,Number2，…代表需要求最小值的数值或引用单元格（区域），参数不超过30个。

特别提醒：如果参数中有文本或逻辑值，则忽略。

5）COUNT 函数

函数名称：COUNT。

主要功能：统计某个单元格区域中的单元格数目。

使用格式：COUNT (Value1,Value2,…)。

参数说明：Value1,Value2,…代表1~30个可以包含或引用各种不同类型数据的参数，但只对数字型数据进行计数。

6）ABS 函数

函数名称：ABS。

主要功能：求出相应数字的绝对值。

使用格式：ABS(Number)。

参数说明：Number 代表需要求绝对值的数值或引用的单元格。

特别提醒：如果 Number 参数不是数值，而是一些字符（如 A 等），则 B2 中返回错误值 #VALUE！。

2．高级函数

除了常用函数以外，常用到的函数还有：

1）IF 函数

函数名称：IF。

主要功能：判断单元格区域中的数值是否满足条件，如果满足返回一个值，如果不满足返回另一个值。

使用格式：IF (Logical_test,Value_if_true,Value_if_false)。

参数说明：Logical_test 是判断条件，Value_if_true 是满足判断条件时返回的值，Value_if_false 是不满足判断条件时返回的值。

特别提醒：IF 函数的参数还可以是 IF 函数（或其他函数），这称为函数的嵌套，IF 函数可以嵌套七层，可构造复杂的判断条件。

2）SUMIF 函数

函数名称：SUMIF。

主要功能：计算符合指定条件的单元格区域内的数值和。

使用格式：SUMIF(Range,Criteria,Sum_Range)。

参数说明：Range 代表条件判断的单元格区域；Criteria 为指定条件表达式；Sum_Range 代表需要计算的数值所在的单元格区域。

特别提醒：文本型数据需要放在英文半角状态下的双引号（"男"、"女"）中。

3）COUNTIF 函数

函数名称：COUNTIF。

主要功能：统计某个单元格区域中符合指定条件的单元格数目。

使用格式：COUNTIF(Range,Criteria)。

参数说明：Range 代表要统计的单元格区域；Criteria 表示指定的条件表达式。

特别提醒：允许引用的单元格区域中有空白单元格出现。

3. 公式中的运算符

公式中常用的运算符有算术运算符、文本运算符、关系运算符、引用运算符4种。

（1）算术运算符用来完成基本的数学运算，算术运算符有 +（加）、-（减）、*（乘）、/（除）、%（百分比）、^（乘方），用它们连接常量、函数、单元格和区域组成计算公式，其运算结果为数值型。运算符优先级别为：括号()→百分比%→乘方^→乘*、除/→加+、减-。

（2）文本运算符文本类型的数据可以进行连接运算，运算符是 &，用来将一个或多个文本连接成一个组合文本。例如，在A1单元格中输入"大学"，在B1单元格中输入"计算机基础"，在C1单元格中输入 =A1&B1，在C1单元格显示"大学计算机基础"。

（3）关系运算符用来对两个数值进行比较，产生的结果为逻辑值 True（真）或 False（假）。比较运算符有 =（等于）、>（大于）、<（小于）、> =（大于或等于）、< =（小于或等于）、<>（不等于）等。

（4）引用运算符用以对单元格区域进行合并运算。引用运算符有,（逗号）和:（冒号），表示对两个引用之间（包括两个引用在内）的所有单元格进行引用，引用若干个离散单元格，引用连续单元格区域，需要写出开头的单元格地址和末尾单元格地址，中间用"："（冒号）分隔。例如，A1,A10表示引用A1、A10两个单元格，A1:A10表示引用A1～A10的单元格区域。

视频

Excel 2016
的基本操作

实训一　Excel 2016 的基本操作

一、实训目的

（1）熟练掌握 Excel 2016 数据的输入和编辑。

（2）熟练掌握公式和函数的使用。

（3）掌握工作表的数据修饰和格式设置。

二、实训内容

（1）在D盘下建立学生文件夹，命名为"学号＋姓名"。

（2）数据的输入及编辑。

① 在学生文件夹下，新建一个名为ex1.xlsx的工作簿，Sheet1工作表内容如图5-30所示。

	A	B	C	D	E	F	G	H	I	J
1	学生成绩表									
2	学号	姓名	语文	数学	英语	总分	平均分	有效分	等级	总分分数差
3	020090010	王红	88	90	90					
4	020090012	江明	80	75	85					
5	020090013	张华	90	85	86					
6	020090014	罗长安	66	75	43					
7	020090015	梁丽丽	62	37	54					
8	020090016	马艺玲	75	48	61					
9	最高分									
10	最低分									

图 5-30　ex1 工作簿–Sheet1 工作表

②在"江明"记录前插入一条新记录，内容为：

020090011　李明明　88　78　69

③在"总分"前插入一列"体育"，成绩为：

91，86，87，72，66，83，68

④在"学号"前插入一列"序号"，利用填充功能进行输入。

（3）公式及函数的使用。

①利用"自动求和"按钮求出"总分"。

②利用函数分别求出每个学生的"平均分"。

③利用函数分别求出各门课程的"最高分"。

④利用函数分别求出各门课程的"最低分"。

⑤利用公式求出"有效分"：有效分 = 语文 × 0.3 + 数学 × 0.3 + 英语 × 0.2 + 体育 × 0.2。

⑥利用 IF 函数求出"等级"：总分超过 340 的记为"优秀"，其余记为"合格"。

⑦求各学生与第一位学生王红的"总为分数差"。

（4）工作表的编辑和格式化。

①将标题"合并及居中"，设置字体为隶书、18 号，行高为 25，其余各行设为右对齐，字体为楷体、12 号，行高为 20。

②将"学号"和"总分分数差"列的列宽设为 10，其余各列设为 8。

③将所有数值设置为 1 位小数位数。

④给工作表设置表格线，外边框为黑色粗线，内边框为黑色细线，填充浅黄色底纹。

⑤将"等级"为"优秀"的显示为红色，"等级"为"合格"的显示为蓝色。

（5）页面设置。

①设置打印纸张为 A4，纸张方向为横向，上、下页边距为 2.5 cm，左、右页边距为 2 cm，并使报表在水平方向居中打印。

②预览打印效果。

③存盘退出。

三、实训样式

实训样式如图 5-31 所示。

	A	B	C	D	E	F	G	H	I	J	K	L
1						学生成绩表						
2	序号	学号	姓名	语文	数学	英语	体育	总分	平均分	有效分	等级	总分分数差
3	1	020090010	王红	88.0	90.0	90.0	91.0	359.0	89.8	89.6	优秀	0.0
4	2	020090011	李明明	88.0	78.0	69.0	86.0	321.0	80.3	80.8	合格	-38.0
5	3	020090012	江明	80.0	75.0	85.0	87.0	327.0	81.8	80.9	合格	-32.0
6	4	020090013	张华	90.0	85.0	86.0	72.0	333.0	83.3	84.1	合格	-26.0
7	5	020090014	罗长安	66.0	75.0	43.0	66.0	250.0	62.5	64.1	合格	-109.0
8	6	020090015	梁丽丽	62.0	37.0	54.0	83.0	236.0	59.0	57.1	合格	-123.0
9	7	020090016	马艺玲	75.0	48.0	61.0	68.0	252.0	63.0	62.7	合格	-107.0
10		最高分		90.0	90.0	90.0	91.0					
11		最低分		62.0	37.0	43.0	66.0					

图5-31　实训样式

四、实训步骤提示

1. 建立学生文件夹

打开D盘，右击，在快捷菜单中选择"新建"→"文件夹"命令，输入"学号＋姓名"的文件夹名字。

2. 数据的输入及编辑

（1）在学生文件夹下新建一个名为ex1.xlsx的工作簿，存盘退出。

① 选择"开始"→"所有程序"→Microsoft Office→Microsoft Excel 2016命令。

② 在Sheet1中选定单元格，依次输入相关内容，如图5-31所示。

③ 单击标题栏上的"关闭"按钮，在弹出的"是否保存对Book1的更改？"对话框中单击"是"按钮；弹出"另存为"对话框，在"保存位置"下拉列表中选择D盘，双击你的文件夹；在"文件名"文本框中输入该文件的名字ex1；在"保存类型"下拉列表中选择"Microsoft Office Excel工作簿（*.xlsx）"；单击"保存"按钮。

（2）打开ex1.xlsx工作簿，在"江明"记录前插入一条新记录，内容为"020090011 李明明 88 78 69"。

① 将光标定位到"江明"这一行的任一单元格，单击"开始"→"单元格"→"插入"→"插入工作表行"按钮。

② 分别选定A4至E4单元格，依次输入020090011、李明明、88、78、69。

（3）在"总分"前插入一列"体育"，成绩为：91，86，87，72，66，83，68。

① 将光标定位到"总分"这一列的任一单元格，单击"开始"→"单元格"→"插入"→"插入工作表列"按钮。

② 分别选定F2到F9单元格，依次输入"体育，91，86，87，72，66，83，68"。

（4）在"学号"前插入一列"序号"，利用填充功能进行输入。

① 将光标定位到"学号"这一列的任一单元格，单击"开始"→"单元格"→"插入"→"插入工作表列"按钮。

② 选定A2单元格，输入"序号"。

③ 分别选定A3、A4单元格，输入"1、2"。

④ 选定A3至A4单元格，将光标指向该区域的右下角，变成黑"＋"形状，按住鼠标左键向下拖动至A9单元格，释放鼠标左键。

3. 公式及函数的使用

（1）利用"自动求和"按钮求出"总分"。选定D3至H9单元格，单击"开始"→"编辑"→"自动求和"按钮，结果如图5-32所示。

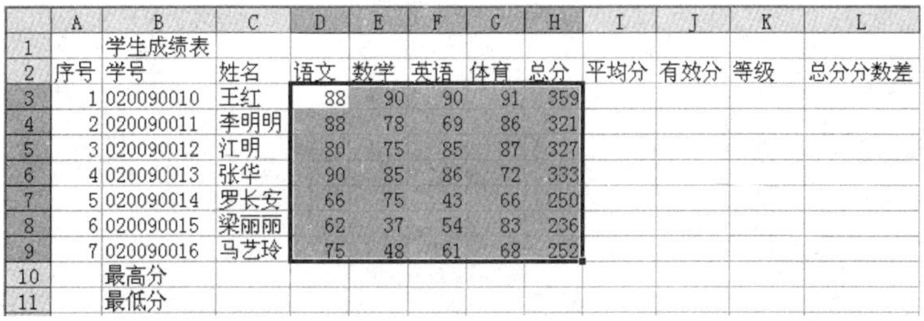

	A	B	C	D	E	F	G	H	I	J	K	L
1		学生成绩表										
2	序号	学号	姓名	语文	数学	英语	体育	总分	平均分	有效分	等级	总分分数差
3	1	020090010	王红	88	90	90	91	359				
4	2	020090011	李明明	88	78	69	86	321				
5	3	020090012	汪明	80	75	85	87	327				
6	4	020090013	张华	90	85	86	72	333				
7	5	020090014	罗长安	66	75	43	66	250				
8	6	020090015	梁丽丽	62	37	54	83	236				
9	7	020090016	马艺玲	75	48	61	68	252				
10		最高分										
11		最低分										

图5-32　自动求和

（2）利用函数分别求出每个学生的"平均分"。

① 选定I3单元格，单击"插入函数"按钮，弹出"插入函数"对话框，如图5-33所示。

图5-33　"插入函数"对话框

② 在"或选择类别"下拉列表中选择"常用函数"，在"选择函数"列表框中选择AVERAGE，单击"确定"按钮，弹出"函数参数"对话框，如图5-34所示。

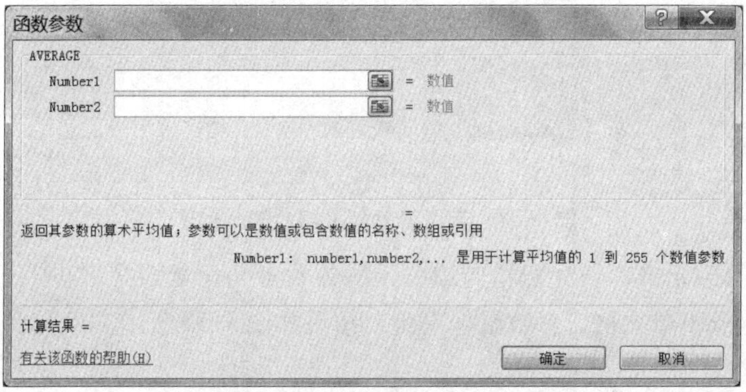

图5-34　"函数参数"对话框

③ 单击"折叠"按钮，将该对话框折叠，选定 D3 至 G3 单元格，如图 5-35 所示。

图 5-35　确定区域

④ 单击"展开"按钮，将该对话框展开，单击"确定"按钮，如图 5-36 所示。

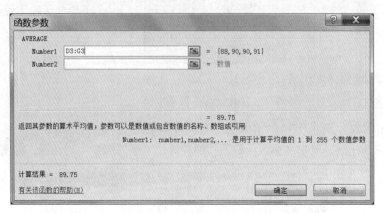

图 5-36　展开对话框

⑤ 选定 I3 单元格，将光标指向该单元格的右下角，变成黑"＋"形状，按住鼠标左键向下拖动至 I9 单元格，释放鼠标左键，结果如图 5-37 所示。

（3）利用函数分别求出各门课程的"最高分"。

① 选定 D10 单元格，单击"插入函数"按钮，弹出"插入函数"对话框。

② 选择"常用函数"列表框中的 MAX 函数，单击"确定"按钮，弹出"函数参数"对话框。

③ 单击"折叠"按钮，将该对话框折叠，选定 D3 至 D9 单元格。

④ 单击"展开"按钮，将该对话框展开，单击"确定"按钮。

	A	B	C	D	E	F	G	H	I	J	K	L
1		学生成绩表										
2	序号	学号	姓名	语文	数学	英语	体育	总分	平均分	有效分	等级	总分分数差
3	1	020090010	王红	88	90	90	91		89.75			
4	2	020090011	李明明	88	78	69	86	321	80.25			
5	3	020090012	江明	80	75	85	87	327	81.75			
6	4	020090013	张华	90	85	86	72	333	83.25			
7	5	020090014	罗长安	66	75	43	66	250	62.5			
8	6	020090015	梁丽丽	62	37	54	83	236	59			
9	7	020090016	马艺玲	75	48	61	68	252	63			
10		最高分										
11		最低分										

图 5-37　求出总分和平均分的数据表

⑤ 选定 D10 单元格，将光标指向该单元格的右下角，变成黑"＋"形状，按住鼠标左键向右拖动至 G10 单元格，释放鼠标左键，结果如图 5-38 所示。

	A	B	C	D	E	F	G	H	I	J	K	L
1		学生成绩表										
2	序号	学号	姓名	语文	数学	英语	体育	总分	平均分	有效分	等级	总分分数差
3	1	020090010	王红	88	90	90	91	359	89.75			
4	2	020090011	李明明	88	78	69	86	321	80.25			
5	3	020090012	江明	80	75	85	87	327	81.75			
6	4	020090013	张华	90	85	86	72	333	83.25			
7	5	020090014	罗长安	66	75	43	66	250	62.5			
8	6	020090015	梁丽丽	62	37	54	83	236	59			
9	7	020090016	马艺玲	75	48	61	68	252	63			
10		最高分		90	90	90	91					
11		最低分										

图5-38 求出最高分的数据表

（4）利用函数分别求出各门课程的"最低分"。

① 选定D11单元格，单击"插入函数"按钮，弹出"插入函数"对话框。

② 在"或选择类别"下拉列表中选择"统计"，在"选择函数"列表框中选择MIN，单击"确定"按钮，弹出"函数参数"对话框。

③ 单击"折叠"按钮，将该对话框折叠，选定D3至D9单元格。

④ 单击"展开"按钮，将该对话框展开，单击"确定"按钮。

⑤ 选定D11元格，将光标指向该单元格的右下角，变成黑"＋"形状，按住鼠标左键向右拖动至G11单元格，释放鼠标左键，结果如图5-39所示。

	A	B	C	D	E	F	G	H	I	J	K	L
1		学生成绩表										
2	序号	学号	姓名	语文	数学	英语	体育	总分	平均分	有效分	等级	总分分数差
3	1	020090010	王红	88	90	90	91	359	89.75			
4	2	020090011	李明明	88	78	69	86	321	80.25			
5	3	020090012	江明	80	75	85	87	327	81.75			
6	4	020090013	张华	90	85	86	72	333	83.25			
7	5	020090014	罗长安	66	75	43	66	250	62.5			
8	6	020090015	梁丽丽	62	37	54	83	236	59			
9	7	020090016	马艺玲	75	48	61	68	252	63			
10		最高分		90	90	90	91					
11		最低分		62	37	43	66					

图5-39 求出最低分的数据表

（5）利用公式求出"有效分"：有效分＝语文×0.3＋数学×0.3＋英语×0.2＋体育×0.2。

① 选定J3单元格，在单元格内依次输入"＝"，选定D3单元格，输入"*0.3＋"；选定E3单元格，输入"*0.3＋"；选定F3单元格，输入"*0.2＋"；选定G3单元格，输入"*0.2"，按【Enter】键确定输入。

② 选定J3单元格，将光标指向该单元格的右下角，变成黑"＋"形状，按住鼠标左键向下拖动至J9单元格，释放鼠标左键，结果如图5-40所示。

	A	B	C	D	E	F	G	H	I	J	K	L
1		学生成绩表										
2	序号	学号	姓名	语文	数学	英语	体育	总分	平均分	有效分	等级	总分分数差
3	1	020090010	王红	88	90	90	91	359	89.75	89.6		
4	2	020090011	李明明	88	78	69	86	321	80.25	80.8		
5	3	020090012	江明	80	75	85	87	327	81.75	80.9		
6	4	020090013	张华	90	85	86	72	333	83.25	84.1		
7	5	020090014	罗长安	66	75	43	66	250	62.5	64.1		
8	6	020090015	梁丽丽	62	37	54	83	236	59	57.1		
9	7	020090016	马艺玲	75	48	61	68	252	63	62.7		
10		最高分		90	90	90	91					
11		最低分		62	37	43	66					

图5-40 求出有效分的数据表

（6）利用IF函数求出"等级"：总分超过340的记为"优秀"，其余记为"合格"。

① 选定K3单元格，输入"等级"的计算公式" = IF(H3>340，"优秀","合格")"，单击"✓"按钮确定。

② 选定K3单元格，将光标指向该单元格的右下角，变成黑"＋"形状，按住鼠标左键向下拖动至K9单元格，释放鼠标左键，结果如图5-41所示。

	A	B	C	D	E	F	G	H	I	J	K	L
1		学生成绩表										
2	序号	学号	姓名	语文	数学	英语	体育	总分	平均分	有效分	等级	总分分数差
3	1	020090010	王红	88	90	90	91	359	89.75	89.6	优秀	
4	2	020090011	李明明	88	78	69	86	321	80.25	80.8	合格	
5	3	020090012	江明	80	75	85	87	327	81.75	80.9	合格	
6	4	020090013	张华	90	85	86	72	333	83.25	84.1	合格	
7	5	020090014	罗长安	66	75	43	66	250	62.5	64.1	合格	
8	6	020090015	梁丽丽	62	37	54	83	236	59	57.1	合格	
9	7	020090016	马艺玲	75	48	61	68	252	63	62.7	合格	
10		最高分		90	90	90	91					
11		最低分		62	37	43	66					

图5-41　求出等级的数据表

（7）求各学生与第一位学生王红的"总分分数差"。

① 选定L3单元格，在单元格内依次输入" = "，选定H3单元格，输入"-$H$3"，按【Enter】键确认输入。

② 选定L3元格，将光标指向该单元格的右下角，变成黑"＋"形状，按住鼠标左键向下拖动至L9单元格，释放鼠标左键，结果如图5-42所示。

	A	B	C	D	E	F	G	H	I	J	K	L
1		学生成绩表										
2	序号	学号	姓名	语文	数学	英语	体育	总分	平均分	有效分	等级	总分分数差
3	1	020090010	王红	88	90	90	91	359	89.75	89.6	优秀	0
4	2	020090011	李明明	88	78	69	86	321	80.25	80.8	合格	-38
5	3	020090012	江华	80	75	85	87	327	81.75	80.9	合格	-32
6	4	020090013	张华	90	85	86	72	333	83.25	84.1	合格	-26
7	5	020090014	罗长安	66	75	43	66	250	62.5	64.1	合格	-109
8	6	020090015	梁丽丽	62	37	54	83	236	59	57.1	合格	-123
9	7	020090016	马艺玲	75	48	61	68	252	63	62.7	合格	-107
10		最高分		90	90	90	91					
11		最低分		62	37	43	66					

图5-42　求出总分分数差的数据表

4．工作表的编辑和格式化

（1）将标题"合并及居中"，设置字体为隶书、18号，行高为25，其余各行设为右对齐，字体为楷体、12号，行高为20。

① 选定A1至L1单元格，单击"开始"→"对齐方式"→"合并后居中"按钮，然后单击"开始"→"字体"→"字体"和"字号"下拉按钮，选择"隶书"和"18号"。

② 单击"开始"→"单元格"→"格式"下拉按钮，选择"行高"，弹出"行高"对话框，输入"25"，单击"确定"按钮，如图5-43所示。

③ 将光标移至行选择区，选定第2~11行，单击"开始"→"对齐方式"→"右对齐"按钮；然后单击"开始"→"字体"→"字体"和"字号"下拉按钮，选择"楷体"和"12号"。

④ 单击"开始"→"单元格"→"格式"下拉按钮，选择"行高"，弹出"行高"对话框，输入"20"，单击"确定"按钮。

（2）将"学号"和"总分分数差"列的列宽设为10，其余各列设为8。

① 将光标移至列选择区，选定 B 列，按住【Ctrl】键不放，选定 L 列，单击"开始"→"单元格"→"格式"下拉按钮，选择"列宽"，弹出"列宽"对话框，输入"10"，单击"确定"按钮，如图 5-44 所示。

图5-43　"行高"对话框

图5-44　"列宽"对话框

② 将光标移至列选择区，选定 A 列，按住【Ctrl】键不放，选择 C 列至 K 列，单击"开始"→"单元格"→"格式"下拉按钮，选择"列宽"，弹出"列宽"对话框，输入"8"，单击"确定"按钮。

（3）将所有数值设置为1位小数位数。

分别选定所有数值的单元格，单击"开始"→"数字"→"增加小数位数"按钮，结果如图 5-45 所示。

	A	B	C	D	E	F	G	H	I	J	K	L
1						学生成绩表						
2	序号	学号	姓名	语文	数学	英语	体育	总分	平均分	有效分	等级	总分分数差
3	1	020090010	王红	88.0	90.0	90.0	91.0	359.0	89.8	89.6	优秀	0.0
4	2	020090011	李明明	88.0	78.0	69.0	86.0	321.0	80.3	80.8	合格	-38.0
5	3	020090012	江明	80.0	75.0	85.0	87.0	327.0	81.8	80.9	合格	-32.0
6	4	020090013	张华	90.0	85.0	86.0	72.0	333.0	83.3	84.1	合格	-26.0
7	5	020090014	罗长安	66.0	75.0	43.0	66.0	250.0	62.5	64.1	合格	-109.0
8	6	020090015	梁丽丽	62.0	37.0	54.0	83.0	236.0	59.0	57.1	合格	-123.0
9	7	020090016	马艺玲	75.0	48.0	61.0	68.0	252.0	63.0	62.7	合格	-107.0
10		最高分		90.0	90.0	90.0	91.0					
11		最低分		62.0	37.0	43.0	66.0					

图5-45　设置所有数值的小数位数

（4）给工作表设置表格线，外边框为黑色粗线，内边框为黑色细线，填充浅黄色底纹。

① 选定 A1 至 L11 格，单击"开始"→"单元格"→"格式"下拉按钮，单击"设置单元格格式"按钮，弹出"设置单元格格式"对话框，选择"边框"选项卡。

② 在"样式"列表框中选择"粗线"，单击"外边框"按钮，颜色为"自动"；再在"样式"列表框中选择"细线"，单击"内部"按钮，如图 5-46 所示。

③ 选择"填充"选项卡，选择浅绿色，单击"确定"按钮，如图 5-47 所示。

（5）将"等级"为"优秀"的显示为红色，"等级"为"合格"的显示为蓝色。

① 选定 K3 至 K9 单元格，单击"开始"→"样式"→"条件格式"下拉按钮，在下拉列表中选择"新建规则"命令，弹出"新建格式规则"对话框。

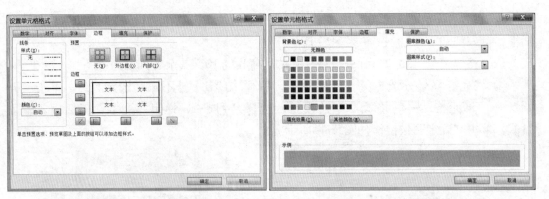

图5-46 给单元格设置内外边框　　　　　　图5-47 给单元格设置底纹

②将对话框内的条件按要求设置正确，如图5-48所示，单击"确定"按钮。

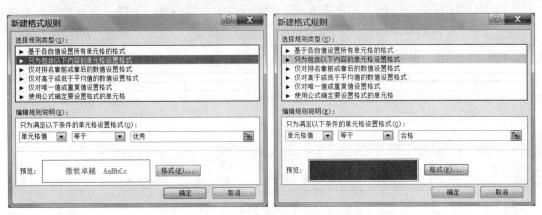

图5-48 "新建格式规则"对话框

5. 页面设置

（1）设置打印纸张为A4，纸张方向为横向，上、下页边距为2.5 cm，左、右页边距为2 cm，并使报表在水平方向居中打印。

①选择"页面布局"→"页面设置"→"纸张大小"→"其他纸张大小"选项，弹出"页面设置"对话框，选择"页面"选项卡，选择"纸张大小"为A4，"方向"为"横向"，如图5-49所示。

②选择"页边距"选项卡，分别输入上、下、左、右页边距，在"居中方式"组中勾选"水平"和"垂直"复选框，单击"确定"按钮，如图5-50所示。

（2）预览打印效果。

选择"文件"→"打印"命令，在窗口右侧可预览打印效果。

（3）存盘退出。

单击标题栏上的"关闭"按钮，在弹出的"是否保存对ex1.xlsx的更改？"对话框中单击"是"按钮，存盘退出。

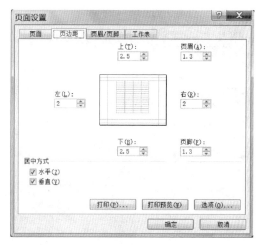

图 5-49 "页面"选项卡   图 5-50 "页边距"选项卡

五、综合项目应用

（1）创建一个名为 ex5.xlsx 的工作簿，然后在 ex5.xlsx 工作簿的 Sheet1 工作表中，输入图 5-51 所示的内容。

营业部名称	一月销售量（台）	二月销售量（台）	三月销售量（台）	四月销售量（台）	五月销售量（台）	六月销售量（台）	销售单价（元/台）	上半年销售量合计	上半年销售金额合计
广州龙源	32	38	34	40	45	41	45		
广州艺兴	50	55	60	51	43	50	44		
广州志翔	12	18	22	16	19	23	43		
广州奇奥	31	39	29	35	49	43	44		
销售量最高									
销售量最低									

图 5-51 Sheet1–广州分公司上半年销售情况统计

（2）在 ex5.xlsx 工作簿的 Sheet2 工作表中，输入图 5-52 所示内容。

营业部名称	一月销售量（台）	二月销售量（台）	三月销售量（台）	四月销售量（台）	五月销售量（台）	六月销售量（台）	销售单价（元/台）	上半年销售量合计	上半年销售金额合计
南宁郡固	23	30	27	29	35	21	42		
南宁轩雨	44	47	36	33	51	42	41		
南宁和平	14	17	20	22	19	10	43		
南宁国贸	31	37	30	35	41	45	41		
销售量最高									
销售量最低									

图 5-52 Sheet2–南宁分公司上半年销售情况统计

（3）利用公式和函数分别求出广州分公司、南宁分公司上半年销售量合计、上半年销售金额合计、销售量最高、销售量最低。

（4）在 Sheet3 工作表中，利用公式和函数完成总公司销售情况统计表，如图 5-53 所示。

分公司名称	一月销售量合计	二月销售量合计	三月销售量合计	四月销售量合计	五月销售量合计	六月销售量合计	上半年销售量总计
广州分公司							
南宁分公司							

图 5-53 Sheet3–总公司销售情况统计

任务三 数据的图表化

任务描述

在图5-54所示的"学生课程成绩表"中，为所有同学的计算机、高数、英语成绩创建一个簇状柱形图，图表样式如图5-55所示。

学生课程成绩表							
学号	学院名称	姓名	计算机	高数	英语	总分	平均分
0010901	信息学院	蔡路	90	91	58	239	80
0010902	信息学院	张洪	90	91	82	263	88
0010903	电子学院	郑波	90	91	85	266	89
0010904	动力学院	梁玲	90	78	65	233	78
0010905	动力学院	周琳	63	66	43	172	57
0010906	电子学院	林杰	80	70	75	225	75
课程最高分			90	91	85		
					2020/6/10 10:30		

图5-54 学生课程成绩表

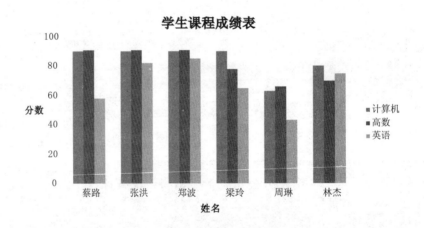

图5-55 学生课程成绩表簇状柱形图

知识准备

数据图表化是Excel 2016继表格处理和数据运算的应用之后，又一个比较常用的应用。所谓数据图表化，是指将表格中复杂的数据关系用图表表示出来，Excel 2016内置有10大类53种图表类型，用这些图表来表示表格中复杂的数据关系可以使数据之间的内在规律通过各种图表形象、直观地显示出来，数据的图表化创建一般包括：创建图表、编辑图表和格式化图表等。

1. 创建图表

（1）确定数据区域：选定需要转换成图表的数据所在的区域即可。

（2）插入图表：单击"插入"→"图表"，选择需要的图表类型，在弹出的下拉列表中选择图表子类型即可。

2．编辑图表

默认情况下插入的图表只是基本图表，只有图表标题、类别轴、垂直轴、数据系列和图例几个部分，往往需要对图表进一步编辑处理，包括修改图表类型、添加图表标题、修改图例名称、添加新的系列等。

1）修改图表类型

图表建立以后，如果认为图表类型不合适，可以为图表重新选择图表类型，方法是：首先选中创建的图表，此时软件会自动展开"图表工具"功能选项卡，单击"图表工具/设计"→"类型"→"更改图表类型"按钮，弹出"更改图表类型"对话框，重新选择图表类型即可。

2）添加图表标题

如果图表建立时没有标题，可以为图表添加标题，方法是：选中创建的图表，单击"图表工具/设计"→"图表布局"→"添加图表元素"下拉按钮→"图表标题"，在弹出的下拉列表中选择一种标题格式，然后选中"图表标题"文本框，删除"图表标题"字符并输入新的内容。

3）修改图例名称

修改图表中的图例名称常用的方法是：选中图表，单击"图表工具/设计"→"数据"→"选择数据"按钮，弹出"选择数据源"对话框，并在"图例项（系列）"列表框中选择待修改的图例名称，然后单击"编辑"按钮，弹出"编辑数据系列"对话框，在"系列名称"文本框中输入新的图例名称即可。

图例名称的修改也可以在图表中选中某一系列后，通过编辑栏直接修改公式中的系列名称。

4）添加新的系列

在图表中添加新的系列的常用的方法是：依照上述方法打开"选择数据源"对话框，并在"图例项（系列）"列表框中单击"添加"按钮，弹出"编辑数据系列"对话框，在"系列名称"文本框中输入系列名称，然后利用"系列值"选择框右侧的折叠按钮选择数据源即可。

3．格式化图表

图表的格式化主要是对图表的文本内容以及图表区域、坐标轴等对象进行格式设置，对于图表文本内容的格式设置，通常的方法是：选中文本所在的文本框，然后单击"开始"→"字体"组中的选项进行格式设置，也可以右击选中的文本框，在弹出的快捷菜单中选择"字体"命令，弹出"字体"对话框，进行格式设置即可。

对于图表区域、坐标轴等对象的格式设置，通常的方法是：选中图表，单击"图表工具/设计"→"图表布局"→"添加图表元素"下拉按钮，在弹出的下拉列表中，选择需要设置格式的图表元素，如坐标轴，选择"更多轴选项"，弹出"设置坐标轴格式"对话框，进行格式设置即可。

图表的格式化也可以采用快捷方式，方法是：双击图表元素弹出相应对话框进行格式设置。

任务分析

创建图5-55所示的学生课程成绩表簇状柱形图，可以先创建基本图表，然后添加图表标题、坐标轴标题，最后格式化刻度。

任务实施

1. 创建图表

（1）选定数据区域：选定单元格区域C2:F8，如图5-56所示。

（2）插入图表：单击"插入"→"图表"→"插入柱形图或条形图"下拉按钮，在弹出的下拉列表中选择"二维柱形图"中的"簇状柱形图"选项即可，结果如图5-57所示。

	学生课程成绩表						
学号	学院名称	姓名	计算机	高数	英语	总分	平均分
0010901	信息学院	蔡路	90	91	58	239	80
0010902	信息学院	张洪	90	91	82	263	88
0010903	电子学院	郑波	90	91	85	266	89
0010904	动力学院	梁玲	90	78	65	233	78
0010905	动力学院	周琳	63	66	43	172	57
0010906	电子学院	林杰	80	70	75	225	75
	课程最高分		90	91	85		
						2020/6/10 10:30	

图5-56　选定数据区域

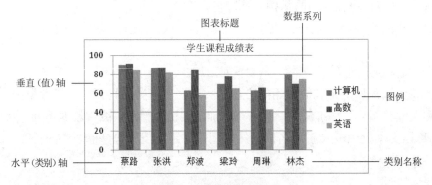

图5-57　成绩簇状柱形图

2. 编辑图表

1）添加图表标题

图表标题添加的方法是：选中创建的图表，单击"图表工具/设计"→"图表布局"→"添加图表元素"下拉按钮→"图表标题"，在弹出的下拉列表中选择一种标题格式，然后选中"图表标题"文本框，删除"图表标题"字符并输入"学生课程成绩表"即可。

2）添加坐标轴标题

依照上述添加图表标题的方法，也可以为图表的类别轴、数值轴添加标题。

3. 格式化图表

设置垂直轴刻度格式的方法是：选中图表，单击"图表工具/设计"→"图表布局"→"添加图表元素"下拉按钮→"坐标轴"→"更多轴选项"→"坐标轴选项"→"垂直（值）轴"，将主要单位固定为20，如图5-58所示。

图5-58　"设置坐标轴格式"对话框

创建样式图表

上述介绍的是如何为选定数据创建图表，但实际应用中常需要创建样式图表。所谓样式图表，就是给出了图表的样式，要求以样式为依据创建与之相似的图表。由于图表样式没有明确是由表格中的哪些数据转换而来的，因此，能否将图表样式表示的数据区域选出来，是创建样式图表的关键。

一般地，一个图表由图表标题、水平（类别）轴、垂直（值）轴、类别名称、数据系列和图例构成，如图5-57所示。其中与数据区域相关的是类别名称、数据系列和图例，而图例中的名称实际上就是数据系列名称，它们对应相同的数据列，因此，可以认为图表中只有类别名称和图例（或数据系列）与数据区域有对应关系，根据此对应关系，以图表样式中的类别名称和图例为依据（注意：饼图是以图例和标题为依据的），便可确定图表样式所表示的数据区域。

图5-59所示便是以图表样式中的类别名称和图例为依据（饼图则是以图例和图表标题为依据）确定的数据区域。

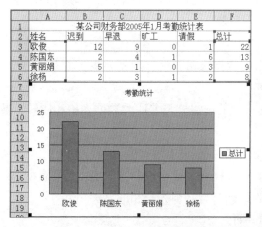

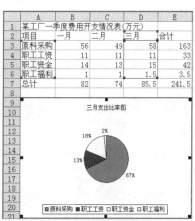

图5-59　依据图表样式选定的数据区域示意图

视频

数据管理与
分析

任务四 数据管理与分析

任务描述

建立图5-60所示的数据清单，然后按如下要求完成操作：

（1）分别建立名为"简单排序"和"多条件排序"两个副本，然后在"简单排序"工作表中按总分的高低排序，再在"多条件排序"工作表中按各门课程成绩的高低排序。

（2）分别建立名为"自动筛选"和"高级筛选"两个副本，然后在"自动筛

	学号	学院名称	姓名	计算机	高数	英语	总分	平均分
1	学号	学院名称	姓名	计算机	高数	英语	总分	平均分
2	0010901	信息学院	蔡路	90	91	58	239	80
3	0010902	信息学院	张洪	90	91	82	263	88
4	0010903	电子学院	郑波	90	91	85	266	89
5	0010904	动力学院	梁玲	90	78	65	233	78
6	0010905	动力学院	周琳	63	66	43	172	57
7	0010906	电子学院	林杰	80	70	75	225	75

图5-60 数据清单

选"工作表中筛选出计算机成绩高于80分的记录，在"高级筛选"工作表中筛选出计算机为80分或总分大于230分的学生。

（3）分别建立"简单汇总""嵌套汇总"和"数据透视表"三个工作表副本，然后在"简单汇总"工作表中计算各学院学生各门课程的平均成绩，在"嵌套汇总"工作表中计算各学院学生各门课程的平均成绩并统计人数，在"数据透视表"工作表中统计各学院学生计算机平均成绩、高数最高分、英语最低分并统计人数。

知识准备

Excel 2016除了具有强大的制表、计算和图表处理功能外，还具有数据管理功能。对数据的管理，实际上是数据库对数据表管理技术中的一种基本功能，但对按数据库的数据表要求建立起来的数据表格，在Excel 2016中也可以实现数据管理部分功能，数据管理与分析主要涉及数据的排序、筛选、分类汇总等。

1. 数据清单

是指按数据库的数据表要求建立起来的数据表格，又称数据列表，它是一张二维表，如图5-60所示。

数据清单是在Excel 2016中实现数据管理的前提，与普通的数据表格相比较，数据清单具有如下特点：

①数据清单的第一行为表头，主要用于输入每列的列标题。

②数据清单中的列称为字段，每列的列标题称为该字段的字段名，行称为记录。

③列标题名必须唯一且同一列数据的数据类型必须完全相同。

④数据清单中不能有数据完全相同的两行。

⑤数据清单中不能包含空行和空列。

2. 数据排序

数据排序是指按照指定字段的值重新排列数据清单中的记录。排序依据的字段值称为"关键字","关键字"可以有多个，根据"关键字"个数，数据排序分为简单排序和多条件排序。

1）简单排序

简单排序是指按照一个指定字段各行的值重新排列数据清单中的记录。简单排序的方法是：首先选定关键字段中任意一个单元格，然后单击"数据"→"排序和筛选"→"升序"或"降序"按钮即可。也可单击"开始"→"编辑"→"排序和筛选"→"升序"（或"降序"）按钮。

2）多条件排序

在简单排序中，排序字段有相同的值时，还可以指定多个"次要关键字"对值相同的记录继续排序，称为多条件排序。多条件排序的方法是：选定数据清单中任意一个单元格，然后单击"数据"→"排序和筛选"→"排序"按钮，弹出"排序"对话框，分别设置好"主要关键字""排序依据"和"次序"，需要添加"次要关键字"时可单击对话框中的"添加条件"按钮，如图5-61所示。也可以单击"开始"→"编辑"→"排序和筛选"→"自定义排序"按钮，弹出"排序"对话框进行设置。

图5-61 "多条件排序"对话框

3. 数据的筛选

数据的筛选是指按照预设条件，把不符合条件的记录暂时隐藏，只显示符合条件的记录，数据筛选包括"自动筛选"和"高级筛选"两种方式。

1）自动筛选

自动筛选是对单个字段建立的一种数据筛选方式，而多个字段之间是逻辑与的关系。自动筛选的条件比较简单，一般是单个条件或两个条件，这些条件可以由系统自动设置，也可以自定义设置，使用自动筛选方式筛选数据时，先选中数据清单中的任意一个单元格，然后单击"开始"→"编辑"→"排序和筛选"→"筛选"按钮，或者单击"数据"→"排序和筛选"→"筛选"按钮，此时数据清单的每个列标题右侧出现一个下拉按钮，单击下拉按钮，在弹出的下拉列表中，如果选择"全部"选项，则数据清单显示全部记录。如果选中某一筛选条件，则不符合条件的记录自动隐藏，只显示符合条件的记录。如果要自定义条件，则在下拉列表中选择"数字筛选"→"自定义筛选"选项，弹出"自定义自动筛选方式"对话框，可以设置两个筛选条件并确定它们的"与""或"关系，如图5-62所示。

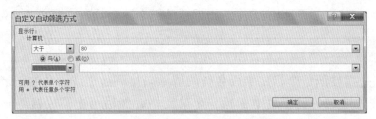

图5-62 "自定义自动筛选方式"对话框

2）高级筛选

相对于自动筛选而言，高级筛选是对多个字段建立的一种数据筛选方式，筛选数据时，如果预设的筛选条件很复杂，或同时对多个字段数据进行筛选，则可考虑使用高级筛选。高级筛选使用方法如下：

建立筛选条件：先在独立于数据清单的区域建立筛选条件（条件区域与数据清单之间有空行和空列分隔开即可），建立筛选条件时，条件区域首行用来输入筛选条件标题（条件标题必须与要筛选的字段名一致），从第二行起输入筛选条件，在同一行中的条件关系为"逻辑与"，在不同行之间的条件为"逻辑或"。即筛选条件间是"且"的关系，则输入在同一行中；是"或"的关系，则输入在不同的行中。

筛选数据：筛选条件建立后，单击数据清单中任意一个单元格，然后单击"数据"→"排序和筛选"→"高级"按钮，弹出"高级筛选"对话框，其中，"方式"组可以决定在原有区域或者其他位置显示筛选结果；"列表区域"文本框用来指定筛选区域，单击折叠按钮，然后在工作表中选定包含列标题在内的被筛选的数据区域；"条件区域"文本框用来指定条件区域；单击折叠按钮，在工作表中选择条件区域，如果要从结果中排除相同的行，可以选择"选择不重复的记录"复选框，最后单击"确定"按钮，即可筛选出所需的记录。

4. 数据的分类汇总

数据的分类汇总是指先将数据清单中的记录按指定关键字的值进行分类，字段值相同的为一类，然后再按类进行求和、求平均、计数、求方差等运算。分类汇总实际上包括分类和汇总两种操作，其中的分类是通过排序实现的，所以分类汇总前首先要按分类字段对数据清单进行排序，分类汇总分为简单汇总、嵌套汇总、数据透视表3种。

1）简单汇总

简单汇总是指对数据清单中的一个字段统一做一种方式的汇总。简单汇总通常的方法是：单击"数据"→"分级显示"→"分类汇总"按钮，弹出"分类汇总"对话框。

在"分类字段"下拉列表中选择要按其分类的关键字。在"汇总方式"下拉列表中选择汇总方式函数，包括求和、计数、平均值、最大值、最小值、乘积、计数值、标准偏差、总体标准偏差、方差等，默认为"求和"。在"选定汇总项"列表框中给出了所有字段中选择需要汇总的字段名。

如果要替换当前的分类汇总可以选择"替换当前分类汇总"复选框；如果要在每组分类之前插入分页，则选择"每组数据分页"复选框，在打印时将一组数据打印一页；如果要在数据组末端显示分类汇总结果则选择"汇总结果显示在数据下方"复选框，最后单击"确定"按钮即可。如果要删除当前的分类汇总，在重新弹出的"分类汇总"对话框中单击"全部删除"按钮，分类汇总表即还原为一般工作表。

2）嵌套汇总

嵌套汇总是指对数据清单中同一字段进行多种方式的汇总。嵌套汇总实际上是在上一次汇总的基础上对数据清单进行新的汇总，方法是再次单击"数据"→"分级显示"→"分类汇总"按钮，弹出"分类汇总"对话框，在"分类字段"下拉列表中选择新的字段，并取消选择"替换当前分类汇总"复选框，即可叠加分类汇总结果。

3）数据透视表

数据透视表是指对数据清单中多个字段进行分类汇总，简单汇总和嵌套汇总都是只能对一个字段进行分类汇总，数据透视表对数据清单中多个字段进行分类汇总的方法是：

（1）选定要建立数据透视表的数据清单，然后单击"插入"→"表格"→"数据透视表"，弹出"创建数据透视表"对话框，如图5-63所示。

（2）在"创建数据透视表"对话框中，设置透视表的数据区域，如图5-63所示，单击"确定"按钮后，进入数据透视表编辑状态，如图5-64所示。

（3）将"数据透视表字段列表"任

图5-63 "创建数据透视表"对话框

务窗格中的字段按数据透视表的文字说明拖到相应位置处，并调整汇总方式。

图5-64 数据透视表编辑状态示意图

任务分析

本案例实际上是在一个数据清单上实现对数据的管理，主要涉及工作表的备份，数据的简单和多条件排序，数据的自动和高级筛选，数据的简单汇总、嵌套汇总和数据透视表汇总等操作技能。

任务实施

1. 按总分的高低排序

（1）建立数据清单副本：按住【Ctrl】键的同时拖动图5-60所示的数据清单所在的工作表，会产生一个副本，将之命名为"简单排序"。

（2）按总分的高低排序：选定数据清单总分字段中任意一个单元格，然后单击"数据"→"排序和筛选"→"降序"按钮，便可按总分从高到低重新排列数据清单中的记录，如图5-65所示。

	学号	学院名称	姓名	计算机	高数	英语	总分	平均分
2	0010903	电子学院	郑波	90	91	85	266	89
3	0010902	信息学院	张洪	90	91	82	263	88
4	0010901	信息学院	蔡路	90	91	58	239	80
5	0010904	动力学院	梁玲	90	78	65	233	78
6	0010906	电子学院	林杰	80	70	75	225	75
7	0010905	动力学院	周琳	63	66	43	172	57

图5-65　按总分从高到低排序结果图

2. 按各门课程成绩的高低排序

（1）建立数据清单副本：按住【Ctrl】键的同时拖动图5-60所示的数据清单所在的工作表，会产生一个副本，将之命名为"多条件排序"。

（2）按各门课程成绩的高低排序：选定数据清单中任意一个单元格，然后单击"开始"→"编辑"→"排序和筛选"→"自定义排序"按钮，弹出"排序"对话框，在"主要关键字"和"次要关键字"下拉列表中分别选择"计算机""高数""英语"，在"排序依据"下拉列表中选择"数值"，在"次序"下拉列表中选择"降序"，如图5-66所示。单击"确定"按钮，排序结果如图5-67所示。

图5-66　"多条件排序"对话框

	学号	学院名称	姓名	计算机	高数	英语	总分	平均分
2	0010903	电子学院	郑波	90	91	85	266	89
3	0010902	信息学院	张洪	90	91	82	263	88
4	0010901	信息学院	蔡路	90	91	58	239	80
5	0010904	动力学院	梁玲	90	78	65	233	78
6	0010906	电子学院	林杰	80	70	75	225	75
7	0010905	动力学院	周琳	63	66	43	172	57

图5-67　多条件排序结果图

3.“自动筛选”数据

（1）建立数据清单副本：按住【Ctrl】键的同时拖动图5-60所示的数据清单所在的工作表，会产生一个副本，将之命名为“自动筛选”。

（2）“自动筛选”数据：选定数据清单中任意一个单元格，然后单击“数据”→“排序和筛选”→“筛选”按钮，数据清单的每个列标题右侧则会出现一个下拉按钮，选择下拉列表中的“数字筛选”→“自定义筛选”选项，弹出“自定义自动筛选方式”对话框，设置筛选条件“>80”，如图5-68所示。单击“确定”按钮，筛选结果如图5-69所示。

图5-68 “自定义自动筛选方式”对话框

学号	学院名称	姓名	计算机	高数	英语	总分	平均分
0010903	电子学院	郑波	90	91	85	266	89
0010902	信息学院	张洪	90	91	82	263	88
0010901	信息学院	蔡路	90	91	58	239	80
0010904	动力学院	梁玲	90	78	65	233	78

图5-69 自动筛选结果图

4.“高级筛选”数据

（1）建立数据清单副本：按住【Ctrl】键的同时拖动图5-60所示的数据清单所在的工作表，会产生一个副本，将之命名为“高级筛选”。

（2）建立条件区域：首行输入筛选条件标题“计算机”“总分”，在第二行“计算机”下输入80，在另一行“总分”下输入>230，如图5-70所示。

（3）“高级筛选”数据：选定数据清单中任意一个单元格，然后单击“数据”→“排序和筛选”→“高级”命令，弹出“高级筛选”对话框。在“高级筛选”对话框中，单击“列表区域”文本框右侧的折叠按钮，然后在数据清单中选定包含列标题在内的被筛选的数据区域，再单击折叠按钮返回“高级筛选”对话框。同理，单击“条件区域”文本框右侧的折叠按钮，然后选定建立的条件区域，再单击折叠按钮返回“高级筛选”对话框，单击“确定”按钮，筛选结果如图5-70所示。

学号	学院名称	姓名	计算机	高数	英语	总分	平均分
0010903	电子学院	郑波	90	91	85	266	89
0010902	信息学院	张洪	90	91	82	263	88
0010901	信息学院	蔡路	90	91	58	239	80
0010904	动力学院	梁玲	90	78	65	233	78
0010906	电子学院	林杰	80	70	75	225	75
学号	学院名称	姓名	计算机	高数	英语	总分	平均分
			80				
						>230	

图5-70 高级筛选结果图

5.“简单汇总”计算各学院学生各门课程的平均成绩

（1）建立数据清单副本：按住【Ctrl】键的同时拖动图5-60所示的数据清单所在的工作表，会产生一个副本，将之命名为“简单汇总”。

（2）对数据清单按“学院”排序，在数据清单中选定一个单元格，单击“数据”→“分级显示”→“分类汇总”按钮，弹出“分类汇总”对话框，在“分类字段”下拉列表中选择“学院名称”，在“汇总方式”下拉列表中选择“平均值”，在“选定汇总项”列表框中选择“计算机”“高数”“英语”需要汇总的字段名，选择“替换当前分类汇总”复选框和“汇总结果显示在数据下方”复选框，如图5-71所示。单击“确定”按钮，汇总结果如图5-72所示。

图5-71 “分类汇总”对话框

	学号	学院名称	姓名	计算机	高数	英语	总分	平均分
1	0010903	电子学院	郑波	90	91	85	266	89
2	0010906	电子学院	林杰	80	70	75	225	75
3		电子学院 平均值		85	81	80		
4	0010904	动力学院	梁玲	90	78	65	233	78
5	0010905	动力学院	周琳	63	66	43	172	57
6		动力学院 平均值		77	72	54		
7	0010902	信息学院	张洪	90	91	82	263	88
8	0010901	信息学院	蔡路	90	91	58	239	80
9		信息学院 平均值		90	91	70		
10		总计平均值		84	81	68		

图5-72 分类汇总结果

6.“嵌套汇总”计算各系学生各门课程的平均成绩并统计人数

（1）按住【Ctrl】键并拖动图5-60所示的数据清单所在的工作表，会产生一个副本，将之命名为“嵌套汇总”。

（2）按上例步骤先求出平均分，如图5-72所示。

（3）再次单击“数据”→“分级显示”→“分类汇总”按钮，弹出“分类汇总”对话框，在“分类字段”下拉列表中选择“学院名称”，在“汇总方式”下拉列表中选择“计数”，并取消选择“替换当前分类汇总”复选框，如图5-73所示。单击“确定”按钮，汇总结果如图5-74所示。

图5-73 “分类汇总”对话框

	学号	学院名称	姓名	计算机	高数	英语	总分	平均分
1	0010903	电子学院	郑波	90	91	85	266	89
2	0010906	电子学院	林杰	80	70	75	225	75
3		电子学院 计数		2	2	2		
4		电子学院 平均值		85	81	80		
5	0010904	动力学院	梁玲	90	78	65	233	78
6	0010905	动力学院	周琳	63	66	43	172	57
7		动力学院 计数		2	2	2		
8		动力学院 平均值		77	72	54		
9	0010902	信息学院	张洪	90	91	82	263	88
10	0010901	信息学院	蔡路	90	91	58	239	80
11		信息学院 计数		2	2	2		
12		信息学院 平均值		90	91	70		
13		总计数		6	6	6		
14		总计平均值		84	81	68		

图5-74 嵌套汇总结果

7. 用透视表统计各学院学生计算机平均成绩、高数最高分、英语最低分并统计人数

（1）选定要建立数据透视表的数据清单，然后单击"插入"→"表格"→"数据透视表"按钮，弹出"创建数据透视表"对话框，如图5-75所示。在"创建数据透视表"对话框中，设置透视表的数据区域，单击"确定"按钮后，进入数据透视表编辑状态，如图5-76所示。

（2）将"数据透视表字段"任务窗格中的"姓名"选项拖到"报表筛选"和"数值"上，"学院名称"选项拖到"行标签"上，"计算机""高数"和"英语"选

图5-75 "创建数据透视表"对话框

项拖到"数值"上，并将汇总方式分别调整为"平均值""最大值"和"最小值"。同时"姓名"选项汇总方式调整为"计数"，如图5-77所示。数据透视表结果，如图5-78所示。

图5-76 数据透视表编辑状态示意图

图5-77 "数据透视表字段"任务窗格   图5-78 透视表结果

Excel 2016
数据管理及
图表化

实训二　Excel 2016 数据管理及图表化

一、实训目的

(1) 掌握Excel 2016数据的排序、筛选和分类汇总。

(2) 掌握工作表的复制、移动、删除和重命名。

(3) 熟练掌握数据图表化的方法。

(4) 掌握图表及其数据的编辑和格式化。

二、实训内容

(1) 在D盘下建立学生文件夹，命名为"学号＋姓名"。

(2) 在学生文件夹中，新建工作簿ex2.xlsx，Sheet1工作表内容如图5-79所示，总分和平均分要求用函数或公式输入。

(3) 数据管理。

① 将Sheet1标签名改为"学生成绩表"。

	A	B	C	D	E	F	G	H	I	J
1	序号	学号	姓名	性别	语文	数学	英语	体育	总分	平均分
2	1	020090010	王红	女	88	90	90	91	359	89.75
3	2	020090011	李明明	男	88	78	69	86	321	80.25
4	3	020090012	江明	男	80	75	85	87	327	81.75
5	4	020090013	张华	男	90	85	86	72	333	83.25
6	5	020090014	罗长安	男	66	75	43	66	250	62.5
7	6	020090015	梁丽丽	女	62	37	54	83	236	59
8	7	020090016	马艺玲	女	75	48	61	68	252	63

图 5-79 数据清单

②为"学生成绩表"做一个备份，命名为"总分排序"，将数据清单按"总分"降序排序。

③为"学生成绩表"做一个备份，命名为"多条件排序"，将数据清单按"语文""数学"多条件降序排序。

④为"学生成绩表"做两个备份，分别命名为"自动筛选1"和"自动筛选2"。在"自动筛选1"中，使用自动筛选功能筛选出"总分"小于300的记录；在"自动筛选2"中，使用自动筛选功能筛选出"数学"大于70的记录。

⑤为"学生成绩表"做两个备份，分别命名为"高级筛选1"和"高级筛选2"。在"高级筛选1"中，使用高级筛选功能筛选出"总分"大于320分的男生；在"高级筛选2"中，使用高级筛选功能筛选出"总分"等于236分或"数学"大于80的女生。

⑥为"学生成绩表"做两个备份，分别命名为"分类汇总1"和"分类汇总2"。在"分类汇总1"中，按"性别"求"总分"的平均值；在"分类汇总2"中，按"性别"求各门课的平均值。

（4）数据的图表化。

①在"学生成绩表"中，分别建立学号为单数的学生的柱形圆柱图，如图5-80（a）所示和学号为双数的学生的柱形圆柱图，如图5-80（b）所示。

②将图表标题设为黑体、蓝色、20号字。

③将"王红"的英语成绩改为98，体育成绩改为65，观察图表的变化。

④存盘退出。

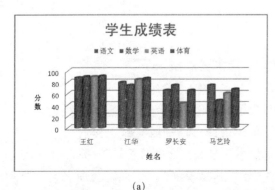

(a)

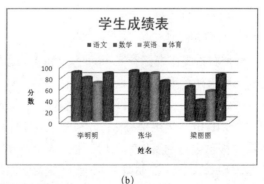

(b)

图 5-80 学生成绩图表

三、实训样式（见图 5-81）

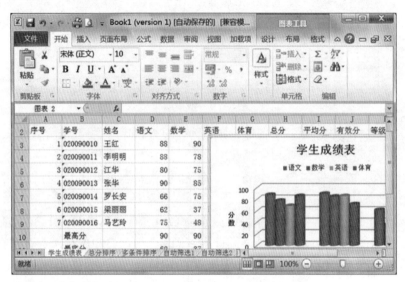

图 5-81 实训样式

四、实训步骤提示

（1）在 D 盘下建立学生文件夹，命名为"学号 + 姓名"。

打开 D 盘，右击，选择"新建"→"文件夹"命令，输入"学号 + 姓名"的文件夹名字。

（2）在学生文件夹中，新建工作簿 ex2.xlsx，Sheet1 工作表内容如图 5-79 所示。

① 选择"开始"→"所有程序"→ Microsoft Office → Microsoft Excel 2016 命令。

② 选定单元格，依次输入图 5-79 所示的内容。

③ 单击"文件"选项卡中的"另存为"按钮，弹出"另存为"对话框，单击"保存位置"下拉列表，选择 D 盘，双击你的文件夹；在"文件名"文本框中输入该文件的名字 ex2；在"保存类型"下拉列表中选择"Excel 工作簿（*.xlsx）"；单击"保存"按钮。

（3）数据管理。

① 将 Sheet1 标签名改为"学生成绩表"。

a.右击工作表标签名 Sheet1，弹出快捷菜单，如图 5-82 所示。

b.选择"重命名"命令，标签名 Sheet1 反相显示，输入新的标签名"学生成绩表"。

② 为"学生成绩表"做一个名为"总分排序"的备份，并按"总分"降序排序。

a.右击"学生成绩表"，在弹出的快捷菜单中选择"移动或复制工作表"命令，弹出"移动或复制工作表"对话框，勾选"建立副本"复选框，并移至 ex2.xlsx 工作簿的工作表 Sheet2 之前，如图 5-83 所示。然后右击"学生成绩表（2）"，将之重命名为"总分排序"。

图5-82　快捷菜单　　　　　　　　图5-83　"移动或复制工作表"对话框

b.选定I1～I8的任一单元格,单击"数据"选项卡"排序和筛选"组中的"排序"→"降序"按钮,结果如图5-84所示。

	A	B	C	D	E	F	G	H	I	J
1	序号	学号	姓名	性别	语文	数学	英语	体育	总分	平均分
2	1	020090010	王红	女	88	90	90	91	359	89.75
3	4	020090013	张华	男	90	85	86	72	333	83.25
4	3	020090012	江明	男	80	75	85	87	327	81.75
5	2	020090011	李明明	男	88	78	69	86	321	80.25
6	7	020090016	马艺玲	女	75	48	61	68	252	63
7	5	020090014	罗长安	男	66	75	43	66	250	62.5
8	6	020090015	梁丽丽	女	62	37	54	83	236	59

图5-84　按总分降序排序

③ 为"学生成绩表"做一个名为"多条件排序"的备份,并对"语文""数学"进行多条件降序排序。

a.右击"学生成绩表",在弹出的快捷菜单中选择"移动或复制工作表"命令,弹出"移动或复制工作表"对话框,勾选"建立副本"复选框,并移至ex2.xlsx工作簿的工作表Sheet2之前。然后右击"学生成绩表(2)",将之重命名为"多条件排序"。

b.选定A1～J8的任一单元格,单击"数据"选项卡"排序和筛选"组中的"排序"按钮,弹出"排序"对话框,如图5-85所示。

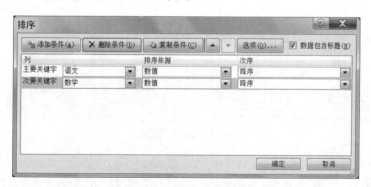

图5-85　"排序"对话框

c.将"语文""数学"分别设置为"主要关键字"和"次关键字",按降序排序,单击"确定"按钮,结果如图5-86所示。

	A	B	C	D	E	F	G	H	I	J
1	序号	学号	姓名	性别	语文	数学	英语	体育	总分	平均分
2	4	020090013	张华	男	90	85	86	72	333	83.25
3	1	020090010	王红	女	88	90	90	91	359	89.75
4	2	020090011	李明明	男	88	78	69	86	321	80.25
5	3	020090012	江明	男	80	75	85	87	327	81.75
6	7	020090014	马艺玲	女	75	48	61	68	252	63
7	5	020090014	罗长安	男	66	75	43	66	250	62.5
8	6	020090015	梁丽丽	女	62	37	54	83	236	59

图5-86　按语文、数学降序排序

④ 为"学生成绩表"做两个名为"自动筛选1"和"自动筛选2"两个备份。在"自动筛选1"中，自动筛选出"总分"小于300的记录；在"自动筛选2"中，自动筛选出"数学"大于70的记录。

a. 右击"学生成绩表"，选择"移动或复制工作表"选项，弹出"移动或复制工作表"对话框，设置ex2.xlsx工作表Sheet2之前并勾选"建立副本"复选框，然后右击"学生成绩表（2）"，将之重命名为"自动筛选1"。依此建立名为"自动筛选2"的"学生成绩表"备份。

b. 在"自动筛选1"中，选定A1～J8的任一单元格，单击"数据"→"排序和筛选"→"筛选"按钮；然后单击"总分"列标题的下拉按钮，单击"数字筛选"→"自定义筛选"按钮，弹出"自定义自动筛选方式"对话框，如图5-87所示。

c. 在对话框内按图进行设置，单击"确定"按钮，结果如图5-88所示。

d. 依此可在"自动筛选2"中，使用自动筛选功能筛选出"数学"大于70的记录，结果如图5-89所示。

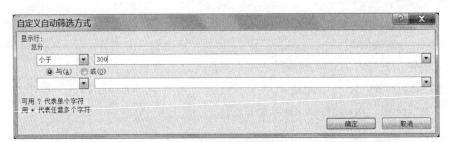

图5-87　"自定义自动筛选方式"对话框

	A	B	C	D	E	F	G	H	I	J
1	序	学号	姓名	性别	语文	数学	英语	体育	总分	平均分
6	5	020090014	罗长安	男	66	75	43	66	250	62.5
7	6	020090015	梁丽丽	女	62	37	54	83	236	59
8	7	020090016	马艺玲	女	75	48	61	68	252	63

图5-88　自动筛选结果

	A	B	C	D	E	F	G	H	I	J
1	序	学号	姓名	性别	语文	数学	英语	体育	总分	平均分
2	1	020090010	王红	女	88.0	90.0	90.0	91.0	359.0	89.8
3	2	020090011	李明明	男	88.0	78.0	69.0	86.0	321.0	80.3
4	3	020090012	江明	男	80.0	75.0	85.0	87.0	327.0	81.8
5	4	020090013	张华	男	90.0	85.0	86.0	72.0	333.0	83.3
6	5	020090014	罗长安	男	66.0	75.0	43.0	66.0	250.0	62.5

图5-89　自动筛选结果

⑤ 为"学生成绩表"做两个备份，分别命名为"高级筛选1"和"高级筛选2"。在"高级筛选1"中，使用高级筛选功能筛选出"总分"大于320分的男生；在"高级筛选2"中，使用高级筛选功能筛选出"总分"等于236分或"数学"大于80分的女生。

a.右击"学生成绩表"，在弹出的快捷菜单中选择"移动或复制工作表"登记，弹出"移动或复制工作表"对话框，勾选"建立副本"复选框，并移至 ex2.xlsx 工作簿的工作表 Sheet2 之前。然后右击"学生成绩表（2）"，将之重命名为"高级筛选1"。依此建立名为"高级筛选2"的"学生成绩表"备份。

b.筛选条件的设置：在"高级筛选1"中，选择A1~J1单元格，单击"开始"→"剪贴板"→"复制"按钮。再选定A11单元格，单击"开始"→"剪贴板"→"粘贴"按钮，然后在D12单元格输入"男"，I12单元格输入">320"。

c.在"高级筛选1"中，选定A1至J8的任一单元格，单击"数据"→"排序和筛选"→"筛选"→"高级"按钮，弹出"高级筛选"对话框，"列表区域"自动确定为A1~L10，如图5-90所示。

d.单击"条件区域"的"折叠"按钮，将该对话框折叠，选定D11~J12单元格区域，单击"展开"按钮，将该对话框展开，如图5-91所示。

图5-90　确定"列表区域"

图5-91　确定"条件区域"

e.单击"确定"按钮，结果如图5-92所示。

	A	B	C	D	E	F	G	H	I	J
1	序号	学号	姓名	性别	语文	数学	英语	体育	总分	平均分
3	2	020090011	李明明	男	88	78	69	86	321	80.25
4	3	020090012	江明	男	80	75	85	87	327	81.75
5	4	020090013	张华	男	90	85	86	72	333	83.25
9										
10										
11	序号	学号	姓名	性别	语文	数学	英语	体育	总分	平均分
12				男					>320	

图5-92　"高级筛选"之确定"条件区域"

f.依此可在"高级筛选2"中，使用高级筛选功能筛选出"总分"等于236分或数学大于80的女生，结果如图5-93所示。

	A	B	C	D	E	F	G	H	I	J
1	序号	学号	姓名	性别	语文	数学	英语	体育	总分	平均分
2	1	020090010	王红	女	88	90	90	91	359	89.75
7	6	020090015	梁丽丽	女	62	37	54	83	236	59
9										
10	序号	学号	姓名	性别	语文	数学	英语	体育	总分	平均分
11				女					236	
12				女		>80				

图5-93 "高级筛选2"的筛选结果

⑥ 为"学生成绩表"做两个备份，分别命名为"分类汇总1"和"分类汇总2"。在"分类汇总1"中，按"性别"求"总分"的平均值；在"分类汇总2"中，按"性别"求各门课的平均值。

a.右击"学生成绩表"，在弹出的快捷菜单中选择"移动或复制工作表"命令，弹出"移动或复制工作表"对话框，勾选"建立副本"复选框，并移至ex2.xlsx工作簿的工作表Sheet2之前。然后右击"学生成绩表（2）"，将之重命名为"分类汇总1"。依此建立名为"分类汇总2"的"学生成绩表"备份。

b.选定D1～D8的任一单元格，单击"数据"→"排序和筛选"→"排序"→"升序"按钮，将所有记录按"性别"进行升序排序。

c.选定A1～J8的任一单元格，单击"数据"→"分级显示"→"分类汇总"按钮，弹出"分类汇总"对话框。

图5-94 "分类汇总"对话框

d.在"分类字段"中选择"性别"，在"汇总方式"中选择"平均值"，在"选定汇总项"中选择"总分"，如图5-94所示。

e.单击"确定"按钮，结果如图5-95所示。

f.依此可在"分类汇总2"中，按"性别"求各门课的平均值，结果如图5-96所示。

图5-95 分类汇总结果　　　　图5-96 分类汇总结果

（4）数据的图表化。

① 在"学生成绩表"中，分别建立学号为单数的学生各门课成绩的柱形圆柱图和学号为双数的学生各门课成绩的柱形簇状圆柱图。

a.在"学生成绩表"中，选定C1:C2单元格区域，按住【Ctrl】键继续选定E1:G2、C4,E4:G4、C6,E6:G6和C8,E8:G8单元格区域，然后单击"插入"→"图表"→"柱形图"下拉按钮，选择"圆柱图"→"簇状圆柱图"选项。单击"图表工具/设计"→"数据"→"切换行/列"按钮，结果如图5-97所示。

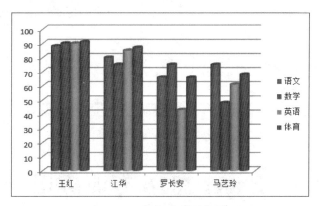

图5-97　柱形簇状圆柱图

b.单击"图表工具/布局"→"标签"→"图表标题"下拉按钮，选择"图表上方"选项，并将"图表标题"修改为"学生成绩表"。单击"标签"组中的"坐标轴标题"下拉按钮，选择"主要横坐标轴标题"→"坐标轴下方标题"选项，并将"坐标轴标题"修改为"姓名"。单击"标签"组中的"坐标轴标题"下拉按钮，选择"主要纵坐标轴标题"→"横排标题"选项，并将"坐标轴标题"修改为"分数"。单击"标签"组中的"图例"下拉按钮，选择"在顶部显示图例"选项，结果如图5-98所示。

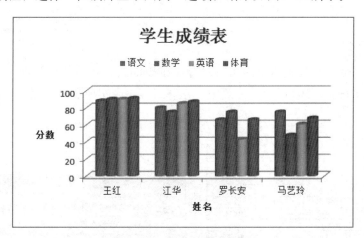

图5-98　柱形簇状圆柱图

②将图表标题设为黑体、蓝色、20号字。

选定图表标题"学生成绩表"，在"开始"选项卡"字体"组中设置黑体、蓝色、20号字，如图5-80（a）所示。类似地，可建立图5-80（b）所示的学号为双数的学生的柱形圆柱图表。

③将"王红"的英语成绩改为98，体育成绩改为65，观察图表的变化。

单击G2单元格，输入"98"；单击H2单元格，输入"65"，按【Enter】键。

④存盘退出。

五、综合应用

创建一个名为ex3.xlsx的工作簿，在ex3.xlsx工作簿的Sheet1工作表中，输入图5-99所示的内容。

	A	B	C	D	E	F	G	H	I	J	K	L	M
1	大宇房产公司2013年销售量与均价统计表												
2		1月	2月	3月	4月	5月	6月	7月	8月	9月	10月	11月	12月
3	销售量（套）	14	5	12	35	45	62	43	23	12	24	51	49
4	销售均价（元）	6752	6823	6912	6903	6922	6913	6892	6950	6909	6897	6798	6891

图5-99　ex3工作簿内容

Excel 2016 专业应用

任务五　非二维表的数据管理

📺 任务描述

如图5-100所示为某书库2016年图书单价和订购数量统计表，要求按金额从小到大排序。

任务分析

数据的管理是基于数据清单而言，对非二维表而言，实现数据管理，如果按上述方法操作，其结果如图5-101所示，一般地，在非二维表中实现数据管理，可以只选二维表部分进行操作。

	A	B	C	D
1	某书库图书订购情况表			
2	图书名称	单价	订购数量	金额
3	大学英语	26.8	630	16884
4	数据库	22.8	610	13908
5	C语言	30.5	450	13725
6	高等数学	19.6	630	12348
7	网页制作	25.8	310	7998
8	数学理论	15.6	421	6567.6
9	总计			71430.6

图5-100　图书单价和订购数量统计表

图5-101　操作警示对话框

✏️ 任务实施

（1）选中A2:D8单元格区域。

（2）单击"开始"→"编辑"→"排序和筛选"→"自定义排序"按钮，弹出"排序"对话框。

（3）在"主要关键字"下拉列表中选择"金额"，在"排序依据"下拉列表中选择

"数值"，在"次序"下拉列表中选择"升序"，如图5-102所示。

（4）单击"确定"按钮，结果如图5-103所示。

图5-102　"排序"对话框　　　　　　　图5-103　排序结果图

任务六　工作表间数据的合并计算

（任务描述）

某公司每季度需要统计下属A子公司和B子公司费用开支情况，两公司费用开支情况如图5-104和图5-105所示。请用"合并计算"将两公司的费用开支合并统计。

A公司一季度费用开支情况表(万元)			
项目	一月	二月	三月
原料采购	68	57	82
职工工资	20	20	20
职工资金	21	20	23
职工福利	2	2	3

A公司一季度费用开支情况表(万元)			
项目	一月	二月	三月
原料采购	56	49	58
职工工资	11	11	11
职工资金	14	13	15
职工福利	1	1	1.5

图5-104　A子公司费用开支情况表　　　　图5-105　B子公司费用开支情况表

（任务分析）

合并计算是Excel提供的用于将多个工作表间的数据结果汇总到一个新的工作表中的命令，合并计算功能，可以将多达256个工作表间的数据进行汇总统计。

（任务实施）

（1）将光标定位于新工作表左上角单元格，单击"数据"→"数据工具"→"合并计算"按钮，弹出"合并计算"对话框，如图5-106所示。

（2）在"合并计算"对话框中的"函数"下拉列表中选择"求和"汇总方式。

（3）单击"引用位置"文本框右端的折叠按钮，分别选择需要合并的工作表的数据区域，并单击右侧的"添加"按钮，将选择的工作表的数据区域添加到对话框的"所有引用位置"。

（4）选择"标签位置"中的"首行"和"最左列"复选框。

（5）单击"确定"按钮，操作结果如图5-107所示。

图5-106 "合并计算"对话框

	A	B	C	D
1		一月	二月	三月
2	原料采购	124	106	140
3	职工工资	31	31	31
4	职工资金	35	33	38
5	职工福利	3	3	4.5

图5-107 "合并计算"结果

任务七　工作表数据模拟分析

任务描述

要存款10 000元，年利率是4.5%，求年利息是多少？如年利率改为4.2%、4.4%、4.6%、4.8%和5%的年利息分别是多少？

任务分析

模拟分析是在单元格中更改值以查看这些更改如何影响工作表中公式结果的过程。Excel 附带了方案、模拟运算表和单变量求解3种模拟分析工具。方案和模拟运算表可获取一组输入值并确定可能的结果。模拟运算表仅可以处理一个或两个变量，但可以接受这些变量的众多不同的值。

任务实施

（1）在单元格A1中输入"10000"，单元格A2中输入"4.5%"，在单元格A3中输入"= A1* A2"。

（2）在单元格B5至F5中分别输入4.2%、4.4%、4.6%、4.8%和5%。

（3）在单元格A6中输入" = A1* A2"。

（4）选择区域A5:F6。

（5）单击"数据"→"数据工具"→"分析"→"模拟运算表"按钮，弹出"模拟运算表"对话框，如图5-108所示。在"输入引用行的单元格"中输入 $A$2后，单击"确定"按钮，结果如图5-109所示。

图5-108 "模拟运算表"对话框

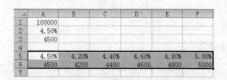

图5-109 利息模拟分析结果

任务八 复杂图表创建

任务描述

如图 5-110 所示为某书库 2020 年图书单价和订购数量统计表，为单价和订购数量创建的簇状柱形图，并更改单价的显示类型图为"XY（散点图）"。

任务分析

数据图表化的目的是采用图表直观地反映数据之间的变化趋势，由于订购数量与单价相差很大，创建的簇状柱形图上只能看到订购数量的变化情况，

某书库图书订购情况表			
图书名称	单价	订购数量	金额
大学英语	26.8	630	16884
数据库	22.8	610	13908
C语言	30.5	450	13725
高等数学	19.6	630	12348
网页制作	25.8	310	7998
数学理论	15.6	421	6567.6

图5-110 图书订购统计表

而单价的变化情况几乎看不到。改变这种情况的方法是增加一个 Y 轴用于显示单价，并修改单价数据系列的图表类型为"XY（散点图）"即可。

任务实施

（1）首先选中图 5-108 中的 A2:C8 单元格区域，单击"插入"→"图表"→"柱形图"下拉按钮，在弹出的下拉列表中单击"二维柱形图"→"簇状柱形图"按钮，结果如图 5-111 所示。

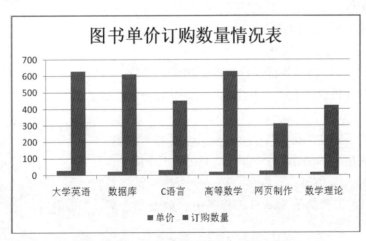

图5-111 图书单价和订购数量簇状柱形图

（2）右击图表中的单价数据系列，在弹出的快捷菜单中选择"设置数据格式"命令。

（3）在弹出的"设置数据格式"对话框中，选择"系列选项"组中的"系列绘制在"中的次坐标轴选项，单击"关闭"按钮。

（4）再次右击图表中的单价数据系列，在弹出的快捷菜单中选择"更改图表类型"

命令。

（5）在弹出的"更改图表类型"对话框中，选择"XY（散点图）"中的"带平滑线的散点图"选项，单击"确定"按钮，结果如图5-112所示。

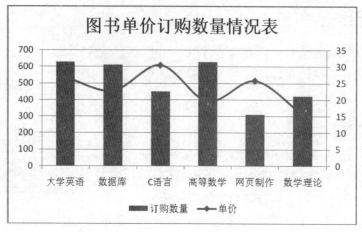

图5-112　图书订购统计表

实训三　Excel 2016 综合应用

一、实训目的

（1）熟练掌握 Excel 2016数据的建立和编辑。

（2）熟练掌握公式和函数的使用。

（3）掌握工作表的编辑和格式化。

（4）掌握 Excel 2016数据的排序、筛选和分类汇总。

（5）熟练掌握数据图表化的方法、图表及其数据的编辑。

二、实训内容

（1）在D盘下建立学生文件夹，命名为"学号＋姓名"。

（2）综合应用一，创建一个名为ex1.xlsx的工作簿，保存在学生文件夹中。

① 数据的输入及编辑。

a. 在 ex1.xlsx 工作簿的 Sheet1 工作表中，输入图5-113所示的内容。

b. 在"洗衣机"前插入一列"空调"，将"彩电"数据复制到这一列。

c. 在"销售金额"这条记录前插入一条记录，内容为：单价 2250 2150 3000 1800。

d. 在"时间"前插入一列"序号"，利用"自

视频

Excel 2016
综合应用一

	A	B	C	D
1	家电销售总表			
2	时间	彩电	冰箱	洗衣机
3	一季度	80	48	56
4	二季度	85	45	63
5	三季度	76	58	70
6	四季度	88	52	65
7	销售总量			
8	销售金额			
9	平均值			
10	最大值			
11	最小值			

图5-113　"家电销售总表"数据表

动填充序列"功能进行输入。

② 公式及函数的使用。

a.利用"自动求和"按钮求出"销售总量"。

b.利用公式求出"销售金额":销售金额 = 销售总量 × 单价。

c.利用函数分别求出各种家电的季度销售"平均值"。

d.利用函数分别求出各种家电的季度销售"最大值"。

e.利用函数分别求出各种家电的季度销售"最小值"。

③ 工作表的编辑和格式化。

a.将标题"合并及居中",设置字体为楷体、18号,行高为25,其余各行设为居中对齐,字体为楷体、12号,行高为20。

b.将"序号"列的列宽设为8,其余各列设为15。

c.将第8行和第9行数值设置为"货币"型,小数位数2位,并加上"￥"符号。

d.给工作表设置表格线,外边框为黑色粗线内边框为红色细线,并填充浅绿色底纹。

e.将各季度家电"销售数量"大于或等于"80"的显示为蓝色,"销售数量"低于"60"的显示为红色。

④ 页面设置。设置打印纸张为A4,纸张方向为横向,上、下页边距为2.5 cm,左、右页边距为2 cm,并使报表在水平方向居中打印,存盘退出。

(3) 综合应用二,创建一个名为ex2.xlsx的工作簿,保存在学生文件夹中,工作簿中Sheet1表的内容如图5-114所示。

视频

Excel 2016
综合应用二

	A	B	C	D	E	F
1	商场	时间	彩电	冰箱	空调	洗衣机
2	河北商场	上半年	80	48	80	56
3	河北商场	下半年	85	45	85	63
4	河南商场	上半年	76	58	76	70
5	河南商场	下半年	88	52	88	65

图5-114　商场销售情况数据清单

① 数据管理。

a.将Sheet1标签名改为"家电销售表"。

b.将"家电销售表"的数据复制到Sheet2中,命名为"简单排序",将数据清单按"彩电"进行降序排序。

c.将"家电销售表"的数据复制到Sheet3中,命名为"多条件排序",将数据清单按"空调""冰箱"进行多条件升序排序。

d.插入一张新的工作表Sheet4,将"家电销售表"的数据复制到Sheet4中,命名为"自动筛选",筛选出彩电销售数量大于80的记录。

e.将"家电销售表"复制到"自动筛选"之后,命名为"高级筛选",筛选出"冰箱"销售数量小于50,或"洗衣机"销售数量大于66的记录。

f.将"家电销售表"复制到"高级筛选"之后,命名为"分类汇总",按"商场"求各种家电的销售总量。

② 数据的图表化。

a.在"家电销售表"中建立图5-115所示的簇状柱形图。

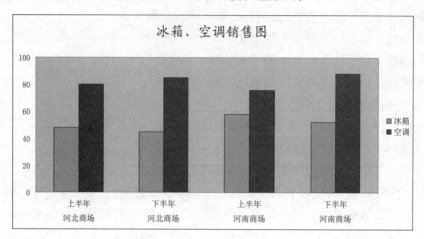

图5-115　冰箱、空调销售图

b.将图表标题设为楷体、20号。

c.为"家电销售表"建立一个副本，名为"柱形圆柱图"，在该工作表中将图表类型改为柱形圆柱图。

d.将图表数据源改为彩电、洗衣机，将图表标题改为"彩电、洗衣机销售图"。

e.存盘退出。

（4）综合应用三，创建一个名为工资计算表.xlsx的工作簿，保存在学生文件夹中。

① 在工资计算表.xlsx工作簿的Sheet1工作表中，输入图5-116所示的内容，并将该工作表重命名为"有效数据序列"。

② 在工资计算表.xlsx工作簿的Sheet2工作表中，输入图5-117所示的内容，并将该工作表重命名为"职工基本信息"。

③ 将工资计算表.xlsx工作簿的Sheet3工作表重命名为"工资计算模板"。

	A	B
1	职称	教研室
2	讲师	数学教研室
3	副教授	外语教研室
4	教授	软件教研室
5		车辆教研室

图5-116　有效数据序列

	A	B	C	D	E	F	G
1	职工基本信息						
2	姓名	工号	部门	教研室	职称	课时标准（元/节）	基本工资（元）
3	陈峰	004	公共教学部	数学教研室	教授	100	8000
4	唐明	008	公共教学部	外语教研室	教授	100	7500
5	张强	001	公共教学部	数学教研室	讲师	40	2500
6	周友根	005	公共教学部	外语教研室	讲师	40	2600
7	李雷雷	007	公共教学部	数学教研室	讲师	40	2400
8	黄克诚	010	公共教学部	外语教研室	讲师	40	2600
9	吴东	011	公共教学部	数学教研室	讲师	40	2650
10	李红云	012	公共教学部	数学教研室	讲师	40	2400
11	李玲	013	机电工程系	车辆教研室	讲师	40	2520
12	黎明	002	公共教学部	外语教研室	副教授	60	3000
13	张梅	003	信息工程系	软件教研室	副教授	60	3200
14	梁红玉	006	公共教学部	外语教研室	副教授	60	3100
15	钱进来	009	公共教学部	外语教研室	副教授	60	3150

图5-117　职工基本信息

a.在第A2~第K2单元格分别输入"工号、姓名、……、实发合计";将A1~K1单元格合并居中,输入文字;在第16行输入"制表人……"等文字,如图5-116所示。

b.在A3单元格输入公式" = VLOOKUP(B3,职工基本信息!$A$3:$G$15,2,FALSE)",使用数据填充功能将公式复制至A4:A13单元格,如图5-118所示。

图5-118 自动获取工号

c.在C2单元格中插入批注"单击需输入数据的单元格,利用下拉列表输入教研室名称";设置C3:C13单元格的数据有效性为"序列",来源为"数学教研室、外语教研室、软件教研室、车辆教研室",如图5-119所示。

d.在D2单元格中插入批注"单击需输入数据的单元格,利用下拉列表输入教师职称";设置D3:D13单元格数据有效性为"序列",来源为"讲师、副教授、教授",如图5-120所示。

图5-119 设置"教研室"数据序列

图5-120 设置"职称"数据序列

e. 在E3单元格输入公式“ = VLOOKUP(B3,职工基本信息!$A$3: $G$15,7,FALSE)”，使用数据填充功能将公式复制至E4:E13单元格，如图5-121所示。

E3 =VLOOKUP(B3,职工基本信息!$A$3:$G$15,7,FALSE)

	A	B	C	D	E	F	G	H	I	J	K
1	某某部（系）某月份工资计算表										
2	工号	姓名	教研室	职称	基本工资（元）	上课课时（节）	课时标准（元/节）	课时津贴（元）	应发合计	所得税	实发合计
3	#N/A				#N/A						
4	#N/A				#N/A						
5	#N/A				#N/A						
6	#N/A				#N/A						
7	#N/A				#N/A						
8	#N/A				#N/A						
9	#N/A				#N/A						
10	#N/A				#N/A						
11	#N/A				#N/A						
12	#N/A				#N/A						
13	#N/A				#N/A						
14											
15											
16	制表人：			部门负责人：			人事审核：			财务审核：	

图5-121 自动获取基本工资

f. 在G3单元格输入公式“ = IF(D3 = "教授",100,IF(D3 = "副教授",60,IF(D3 = "讲师",40," ")))”，使用数据填充功能将公式复制至G4:G13单元格，如图5-122所示。

G3 =IF(D3="教授",100,IF(D3="副教授",60,IF(D3="讲师",40," ")))

	A	B	C	D	E	F	G	H	I	J	K
1	某某部（系）某月份工资计算表										
2	工号	姓名	教研室	职称	基本工资（元）	上课课时（节）	课时标准（元/节）	课时津贴（元）	应发合计	所得税	实发合计
3	#N/A				#N/A						
4	#N/A				#N/A						
5	#N/A				#N/A						
6	#N/A				#N/A						
7	#N/A				#N/A						
8	#N/A				#N/A						
9	#N/A				#N/A						
10	#N/A				#N/A						
11	#N/A				#N/A						
12	#N/A				#N/A						
13	#N/A				#N/A						
14											
15											
16	制表人：			部门负责人：			人事审核：			财务审核：	

图5-122 根据职称确定课时标准

g. 在H3单元格输入公式“ = F3*G3”，使用数据填充功能将公式复制至H4:H13单元格，如图5-123所示。

H3 =F3*G3

	A	B	C	D	E	F	G	H	I	J	K
1	某某部（系）某月份工资计算表										
2	工号	姓名	教研室	职称	基本工资（元）	上课课时（节）	课时标准（元/节）	课时津贴（元）	应发合计	所得税	实发合计
3	#N/A				#N/A			#VALUE!			
4	#N/A				#N/A			#VALUE!			
5	#N/A				#N/A			#VALUE!			
6	#N/A				#N/A			#VALUE!			
7	#N/A				#N/A			#VALUE!			
8	#N/A				#N/A			#VALUE!			
9	#N/A				#N/A			#VALUE!			
10	#N/A				#N/A			#VALUE!			
11	#N/A				#N/A			#VALUE!			
12	#N/A				#N/A			#VALUE!			
13	#N/A				#N/A			#VALUE!			
14											
15											
16	制表人：			部门负责人：			人事审核：			财务审核：	

图5-123 计算课时津贴

h.在 I3 单元格输入公式" = E3 + H3",使用数据填充功能将公式复制至 I4:I13 单元格,如图 5-124 所示。

图 5-124 计算应发工资

i.在 J3 单元格中输入公式" = IF(I3< = 3500,0,IF(I3-3500< = 1500,(I3-3500)*3%,IF(I3-3500< = 4500, (I3-3500)*10%-105,(I3-3500)*20%-555)))",使用数据填充功能将公式复制至 J4:J13 单元格,如图 5-125 所示。

图 5-125 计算个人所得税

说明:假设个税起征点为 3 500 元,下表为个人所得税税率,本案例计算的个人月收入不超过 12 500 元。

级 数	含税级距(元)	税率(%)	速算扣除数
1	0～1 500	3%	0
2	1 500～4 500	10%	105
3	4 500～9 000	20%	555

j.在 K3 单元格中输入公式" = I3-J3",使用数据填充功能将公式复制至 K4:K13 单元格,如图 5-126 所示。

k.为"工资计算模板"工作表建立一个副本,重命名为"2 月份工资计算表"。

l.在第 B 列输入姓名;利用下拉列表分别在 C 列、D 列输入教研室和职称;在第 F 列输入上课课时,其余数据均自动生成,如图 5-127 所示。

K3 =I3-J3

	A	B	C	D	E	F	G	H	I	J	K
1	某某部（系）某月份工资计算表										
2	工号	姓名	教研室	职称	基本工资（元）	上课课时（节）	课时标准（元/节）	课时津贴（元）	应发合计	所得税	实发合计
3	#N/A				#N/A			#VALUE!	#N/A	#N/A	#N/A
4	#N/A				#N/A			#VALUE!	#N/A	#N/A	#N/A
5	#N/A				#N/A			#VALUE!	#N/A	#N/A	#N/A
6	#N/A				#N/A			#VALUE!	#N/A	#N/A	#N/A
7	#N/A				#N/A			#VALUE!	#N/A	#N/A	#N/A
8	#N/A				#N/A			#VALUE!	#N/A	#N/A	#N/A
9	#N/A				#N/A			#VALUE!	#N/A	#N/A	#N/A
10	#N/A				#N/A			#VALUE!	#N/A	#N/A	#N/A
11	#N/A				#N/A			#VALUE!	#N/A	#N/A	#N/A
12	#N/A				#N/A			#VALUE!	#N/A	#N/A	#N/A
13	#N/A				#N/A			#VALUE!	#N/A	#N/A	#N/A
14											
15											
16	制表人：			部门负责人：			人事审核：			财务审核：	

图5-126 计算实发工资

	A	B	C	D	E	F	G	H	I	J	K
1	公共教学部2月份工资计算表										
2	工号	姓名	教研室	职称	基本工资（元）	上课课时（节）	课时标准（元/节）	课时津贴（元）	应发合计	所得税	实发合计
3	004	陈峰	数学教研室	教授	8000	36	100	3600	11600	1065	10535
4	008	唐明	外语教研室	教授	7500	22	100	2200	9700	685	9015
5	001	张强	数学教研室	讲师	2500	40	40	1600	4100	18	4082
6	005	周友根	外语教研室	讲师	2600	10	40	400	3000	0	3000
7	007	李雷雷	数学教研室	讲师	2400	30	40	1200	3600	3	3597
8	010	黄克诚	外语教研室	讲师	2600	64	40	2560	5160	61	5099
9	011	吴东	数学教研室	讲师	2650	20	40	800	3450	0	3450
10	012	李红云	数学教研室	讲师	2400	54	40	2160	4560	31.8	4528.2
11	002	黎明	外语教研室	副教授	3000	80	60	4800	7800	325	7475
12	006	梁红玉	外语教研室	副教授	3100	60	60	3600	6700	215	6485
13	009	钱进来	外语教研室	副教授	3150	46	60	2760	5910	136	5774
14											
15											
16	制表人：			部门负责人：			人事审核：			财务审核：	

图5-127 2月份工资计算表

m.为“2月份工资计算表”工作表建立一个副本，重命名为“按教研室分类汇总”，按“教研室”对“所得税”“实发合计”求和，如图5-128所示。

	A	B	C	D	E	F	G	H	I	J	K
1	公共教学部2月份工资计算表										
2	工号	姓名	教研室	职称	基本工资（元）	上课课时（节）	课时标准（元/节）	课时津贴（元）	应发合计	所得税	实发合计
3	004	陈峰	数学教研室	教授	8000	36	100	3600	11600	1065	10535
4	001	张强	数学教研室	讲师	2500	40	40	1600	4100	18	4082
5	007	李雷雷	数学教研室	讲师	2400	30	40	1200	3600	3	3597
6	011	吴东	数学教研室	讲师	2650	20	40	800	3450	0	3450
7	012	李红云	数学教研室	讲师	2400	54	40	2160	4560	31.8	4528.2
8			**数学教研室 汇总**							1117.8	26192.2
9	008	唐明	外语教研室	教授	7500	22	100	2200	9700	685	9015
10	005	周友根	外语教研室	讲师	2600	10	40	400	3000	0	3000
11	010	黄克诚	外语教研室	讲师	2600	64	40	2560	5160	61	5099
12	002	黎明	外语教研室	副教授	3000	80	60	4800	7800	325	7475
13	006	梁红玉	外语教研室	副教授	3100	60	60	3600	6700	215	6485
14	009	钱进来	外语教研室	副教授	3150	46	60	2760	5910	136	5774
15			**外语教研室 汇总**							1422	36848
16			**总计**							2539.8	63040.2
17											
18											
19	制表人：			部门负责人：			人事审核：			财务审核：	

图5-128 按教研室分类汇总

习 题

一、选择题

1. 在 Excel 2016 中，某工作表 D2 单元格中，含有公式 " = A2 + B2 − C2"，则将 D2 单元格复制到该表的 D3 单元格时，D3 单元格中的公式应是（　　　）。

    A. = A2 + B2−C2　　　　　　　　B. = A3 + B3−C3

    C. = B2 + C2−D2　　　　　　　　D. 无法复制

2. Excel 中，移动图表的正确方法是（　　　）。

    A. 将鼠标指针指向图表区的空白处，按住【Ctrl】键的同时拖动鼠标

    B. 将鼠标指针指向图表四周的控点上，并拖动鼠标

    C. 将鼠标指针指向图表区的空白处，并拖动鼠标

    D. 将鼠标指针指向图表区的非空白处，并拖动鼠标

3. 选择"格式"工具栏里的货币符号为人民币符，2000 将显示为（　　　）。

    A. #2000　　　　B. $2000　　　　C. ￥2000　　　　D. &2000

4. 在 Excel 2016 中建立图表时，我们一般（　　　）。

    A. 先输入数据，再建立图表

    B. 建完图表后，再输入数据

    C. 在输入的同时，建立图表

    D. 首先建立一个图表标签

5. 为了取消分类汇总的操作，必须（　　　）。

    A. 删除分类汇总后的工作表

    B. 按【Delete】键

    C. 在分类汇总对框中单击"全部删除"按钮

    D. 其他选项都不可以

6. 在对 Excel 2016 工作表的数据清单进行排序时，下列中不正确的是（　　　）。

    A. 可以按指定的关键字递增或递减排序

    B. 最多可以指定 3 个排序关键字

    C. 不可以指定本数据清单以外的字段作为排序关键字

    D. 可以指定数据清单中的任意多个字段作为排序关键字

7. 在 Excel 工作表中，当前单元格的填充句柄在其（　　　）。

    A. 左上角　　　　　　　　　　　B. 右上角

    C. 左下角　　　　　　　　　　　D. 右下角

8. Excel 中，和数据表放在一起的图表称为（　　　）。

    A. 自由式图表　　　　　　　　　B. 独立式图表

    C. 合并式图表　　　　　　　　　D. 嵌入式图表

9. 下面有关 Excel 2016 工作表、工作簿的说法中，正确的是（　　）。

    A. 一个工作簿可包含多个工作表，缺省工作表名为 Sheet1/Sheet2/Sheet3

    B. 一个工作簿可包含多个工作表，缺省工作表名为 Book1/Book2/Book3

    C. 一个工作表可包含多个工作簿，缺省工作表名为 Sheet1/Sheet2/Sheet3

    D. 一个工作表可包含多个工作簿，缺省工作表名为 Book1/Book2/Book3

10. 若在单元格中出现一连串的"###"符号，则需（　　）。

    A. 重新输入数据　　　　　　　　　　B. 调整单元格的宽度

    C. 删去该单元格　　　　　　　　　　D. 删去这些符号

11. 在 Excel 中，将学生成绩单中所有不及格的成绩用醒目的方式表示（如用红色显示等），利用（　　）命令最为方便。

    A. 查找　　　　　　B. 条件格式　　　　C. 数据筛选　　　D. 定位

12. 在 Excel 2016 中，单元格的格式（　　）。

    A. 一旦确定，将不可更改

    B. 随时可更改

    C. 依输入数据的格式而定，并不能改变

    D. 更改后，将不可再更改

13. 在 Excel 中，A1 单元格设定其数字格式为整数，当输入"33.51"时，显示为（　　）。

    A. 33.51　　　　　B. 33　　　　　　C. 34　　　　　　　D. ERROR

14. 在 Excel 中，要在工作簿的某工作表前增加一个工作表，应（　　）。

    A. 单击该工作表标签，并选择"插入"选项卡的"表格"命令

    B. 单击该工作表标签，并选择"插入"命令

    C. 单击该工作表标签，并选择"数据"选项卡的"从表格"命令

    D. 右击该工作表标签，在快捷菜单中选择"插入"命令，在打开的对话框的"常用"选项卡中选择"工作表"命令

15. 在 Excel 的当前工作簿中含有 7 个工作表，当"保存"工作簿时，（　　）。

    A. 保存为一个文件

    B. 保存为 7 个文件

    C. 当以 xls 为扩展名保存时，保存为一个文件，其他扩展名进行保存则为 7 个文件

    D. 由操作者决定保存为一个或多个文件

16. 在 Excel 2016 中，可以创建嵌入式图表，它和创建图表的数据源放置在（　　）工作表中。

    A. 不同的　　　　　B. 相邻的　　　　　C. 同一张　　　　D. 另一工作簿的

17. 如果某个单元格显示为若干个"#"号，这表示（　　）。

    A. 公式错误　　　　　　　　　　　　B. 格式错误

    C. 行高不够　　　　　　　　　　　　D. 列宽不够

18. 数值型数据的默认对齐方式是（　　　　）。

    A. 右对齐　　　　B. 左对齐　　　　C. 居中　　　　D. 两端对齐

19. 已在 Excel 2016 某工作表的 F1、G1 单元格中分别填入了 3.5 和 4.5，并将这 2 个单元格选定，然后向左拖动填充柄，在 E1、D1、C1 中分别填入的数据是（　　　　）。

    A. 0.5、1.5、2.5　　　　　　　　　B. 2.5、1.5、0.5

    C. 3.5、3.5、3.5　　　　　　　　　D. 4.5、4.5、4.5

20. 表格操作时，利用（　　　　）选项卡中的命令可以改变表中内容的垂直方向对齐方式。

    A. 页面布局　　　B. 设计　　　　C. 视图　　　　D. 开始

21. Excel 中活动单元格是指（　　　　）。

    A. 可以随意移动的单元格

    B. 随其他单元格的变化而变化的单元格

    C. 已经改动了的单元格

    D. 正在操作的单元格

22. 给 Excel 2016 工作表改名的正确操作是（　　　　）。

    A. 右击工作表标签条中某个工作表名，从弹出的快捷菜中选择"重命名"命令

    B. 单击工作表标签条中某个工作表名，从弹出的快捷菜单中选择"插入"命令

    C. 右击工作表标签条中某个工作表名，从弹出的快捷菜单中选择"插入"命令

    D. 单击工作表标签条中某个工作表名，从弹出的快捷菜单中选择"重命名"命令

23. 初次打开 Excel 2016 时，系统自动打开一个名为（　　　　）的表格。

    A. 文档1　　　　B. 工作簿1　　　　C. 未命名　　　　D. Sheet1

24. 在 Excel 中，要将有数据且设置了格式的单元格恢复为普通空单元格，应先选定该单元，然后使用（　　　　）。

    A.【Delete】键　　　　　　　　B. 快捷菜单中的"删除"命令

    C. "编辑"组的"清除"命令　　　D. 工具栏的"剪切"按钮

25. Excel 2016 中引用单元格时，单元格名称中列标前加上"$"符，而行标前不加；或者行标前加上"$"符，而列标前不加，这属于（　　　　）。

    A. 相对引用　　　　　　　　　　B. 绝对引用

    C. 混合引用　　　　　　　　　　D. 其他几个选项说法都不正确

26. 在 Excel 2016 中，使用填充柄填充具有增减性的数据时（　　　　）。

    A. 向右或向下拖时，数据减　　　B. 数据不会改变

    C. 向右或向下拖时，数据增　　　D. 向左或向上拖时，数据增

27. 在 Excel 中，选取整个工作表的方法是（　　　　）。

    A. 单击"插入"选项卡的"表格"命令

    B. 单击工作表左上角的"全选"按钮

C. 单击 A1 单元格，然后按住【Shift】键单击当前屏幕的右下角单元格

D. 单击 A1 单元格，然后按住【Ctrl】键单击工作表的右下角单元格

28. 如果数据区中的数据发生了变化，Excel 中已产生的图表，会（　　　）。

    A. 根据变化的数据自动改变　　　　　　B. 不变

    C. 会受到破坏　　　　　　　　　　　　D. 关闭 Excel

29. 在 Excel 2016 中，在进行分类汇总前必须（　　　）。

    A. 先按欲分类汇总的字段进行排序

    B. 先对符合条件的数据进行筛选

    C. 先排序、再筛选

    D. 各选项都不需要

30. 在 Excel 2016 中，有关嵌入式图表，下面描述错误的是（　　　）。

    A. 对生成后的图表进行编辑时，首先要激活图表

    B. 图表生成后不能改变图表类型，如：三维变二维

    C. 表格数据修改后，相应的图表数据也随之变化

    D. 图表生成后可以向图表中添加新的数据

31. 若在 Excel 的同一单元格中输入的文本有两个段落，则在第一段落输完后应使用（　　　）键。

    A.【Enter】　　　　B.【Ctrl + Enter】　　　C.【Alt + Enter】　　　D.【Shift + Enter】

32. 在 Excel 2016 中，"页面布局"中的"纸张方向"的页面方向有（　　　）。

    A. 纵向和垂直　　　　　　　　　　　　B. 纵向和横向

    C. 横向和垂直　　　　　　　　　　　　D. 垂直和平行

33. Excel 中，要查找数据清单中的内容可以通过筛选功能（　　　）包含指定内容的数据行。

    A. 部分隐藏　　　　B. 只隐藏　　　　C. 只显示　　　　D. 部分显示

34. Excel 2016 中，要在公式中使用某个单元格的数据时，应在公式中键入该单元格的（　　　）。

    A. 格式　　　　　　B. 附注　　　　C. 条件格式　　　　D. 名称

35. 准备在一个单元格内输入一个公式，应先输入（　　　）先导符号。

    A. $　　　　　　　　B. >　　　　　　　C. <　　　　　　　D. =

36. 若需计算 Excel 2016 某工作表中 A1、B1、C1 单元格的数据之和，需使用下述计算公式（　　　）。

    A. = count(A1:C1)　　　　　　　　　　B. = sum(A1:C1)

    C. = sum(A1,C1)　　　　　　　　　　　D. = max(A1:C1)

37. 在 Excel 2016 中，填充柄适合（　　　）类型的数据。

    A. 文字　　　　　　　　　　　　　　　B. 数据

    C. 具有增减趋势的文字型数据　　　　　D. 以上各选项的类型的数据

38. 在 Excel 2016 数据清单中，按某一字段内容进行归类，并对每一类作出统计的操作是（　　）。

  A. 分类排序   B. 分类汇总

  C. 筛选   D. 记录单处理

39. 在 Excel 2016 中，C7 单元格中有绝对引用 = AVERAGE($C$3:$C$6)，把它复制到 C8 单元格后，双击它单元格中显示（　　）。

  A. = AVERAGE(C3:C6)   B. = AVERAGE($C$3:$C$6)

  C. = AVERAGE($C$4:$C$7)   D. = AVERAGE(C4:C7)

40. 在 Excel 中根据数据表制作图表时，可以对图表的（　　）进行设置。

  A. 标题   B. 坐标轴   C. 网格线   D. 其他选项都可以

二、判断题

1. 启动 Excel 后显示一个名为 Sheet1 的工作簿。（　　）

2. 在 Excel 2016 中，利用格式刷复制的仅仅是单元格的格式，不包括内容。（　　）

3. 在 Excel 2016 作业时使用保存命令会覆盖原先的文件。（　　）

4. 在 Excel 2016 中，第一次存储一个文件时，无论按"保存"还是按"另存为"没有区别。（　　）

5. 在 Excel 2016 中，如果要查找数据清单中的内容，可以通过筛选功能，它可以实现只显示包含指定内容的数据行。（　　）

6. 对 Excel 2016 的数据清单中的数据进行修改时，当前活动单元格必须在数据清单内的任一单元格上。（　　）

7. 如要关闭工作簿，但不想退出 Excel，可以单击"文件"选项卡下的"关闭"命令。（　　）

8. Excel 2016 的表格自动套用格式只适用于完整的表格，不可以对表格的某个区域使用。（　　）

9. Excel 2016 下，在单元格格式对话框中可以设置字体。（　　）

10. Excel 2016 只能对同一列的数据进行求和。（　　）

项目六

PowerPoint 2016 演示文稿制作软件及应用

办公自动化中演示文稿的处理也是较常见的工作，此类文档的处理则需要用到Office 2016办公套装中又一重要组件PowerPoint 2016，它是演示文稿主流处理软件，利用它可以方便、快捷地制作集文字、图形、声音、动画的多媒体演示文稿。

学习目标

（1）掌握PowerPoint 2016演示文稿制作处理以及播放方面的主要功能。

（2）掌握PowerPoint 2016演示文稿处理软件主要功能在实际中的应用。

PowerPoint 2016 基础应用

视频

演示文稿的制作

任务一　演示文稿的制作

任务描述

制作一个介绍"金秀圣堂山"旅游景观的演示文稿，如图6-1～图6-6所示。

图6-1　第一张

图6-2　第二张

图6-3　第三张

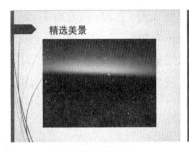

图6-4 第四张

图6-5 第五张

图6-6 第六张

PowerPoint 2016演示文稿处理软件的使用需要了解的知识要点：

1. PowerPoint 2016软件启动

选择"开始"→"所有程序"→Microsoft Office→Microsoft PowerPoint 2016命令，即可启动PowerPoint 2016。此外，双击桌面PowerPoint 2016快捷图标和PowerPoint 2016演示文稿，也可快速启动PowerPoint 2016。启动后的PowerPoint 2016界面，如图6-7所示。

2. PowerPoint 2016的工作界面

软件启动后默认显示普通视图，如图6-7所示。该视图的工作界面与 Word 2016、Excel 2016的窗口结构基本相同，也是由标题栏、功能区、工作区、状态栏等组成，不同的是工作区，普通视图的工作区分为左右两个部分，左窗格用于显示演示文稿的页，有

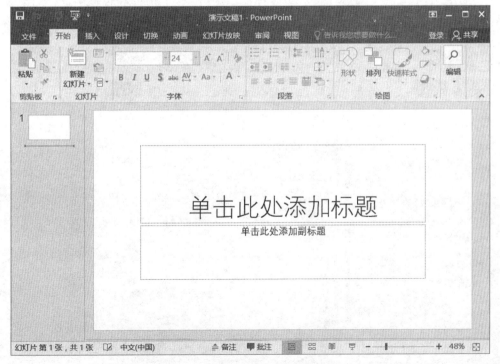

图6-7 PowerPoint 2016的界面

幻灯片和大纲两种显示方式，"幻灯片"方式是显示演示文稿的所有幻灯片的缩略图，适合用于浏览幻灯片的大致外观，并对幻灯片进行删除、复制和调整顺序等管理。"大纲"方式是显示演示文稿幻灯片中的文本内容，其他对象不显示出来，利用大纲窗格，可以浏览整个演示文稿的纲目结构全局，是文本内容交换的最佳视图方式。右窗格则为左窗格所选择幻灯片的内容显示区，用于幻灯片的内容显示和制作，其下方则为备注区，用户可以在此为幻灯片添加需要的备注内容，备注内容播放时不显示。

任务分析

普通演示文稿的制作一般是从头开始的，处理过程包括：演示文稿的创建，设计幻灯片主题、选择幻灯片版式、文本的输入和内容添加等。

1. 演示文稿的创建

演示文稿的创建可以通过先启动 PowerPoint 2016，然后在打开的窗口中可以建立空白演示文稿、模板演示文稿和打开现有演示文稿等，其中，空白演示文稿由软件启动时默认自动创建，名称为"演示文稿1"，如图6-7所示。

2. 设计主题

幻灯片主题实际上就是幻灯片的背景，在演示文稿中起着美化外观、统一风格的作用，所以建立空白演示文稿后一般需要为其添加一个主题，主题可以自行设计，也可以直接选择软件内置的主题，选择内置主题的方法是：在"设计"→"主题"区提供了多种主题方案，单击选择一种即可。每个主题一般都有12种背景样式，选用背景样式的方法是：单击"设计"→"变体"→"背景样式"按钮，然后在下拉窗格中选择即可，如图6-8所示。

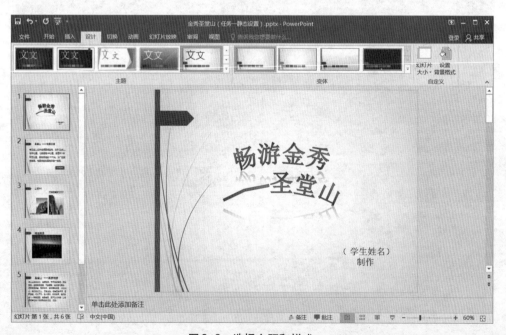

图6-8　选择主题和样式

3. 选择幻灯片版式

幻灯片版式就是幻灯片的布局，通过幻灯片版式的设置可以确定添加的对象以及各对象的位置，方法是：单击"开始"→"幻灯片"→"版式"按钮，在打开的下拉列表中选择需要的一种幻灯片版式即可，如图6-9所示。

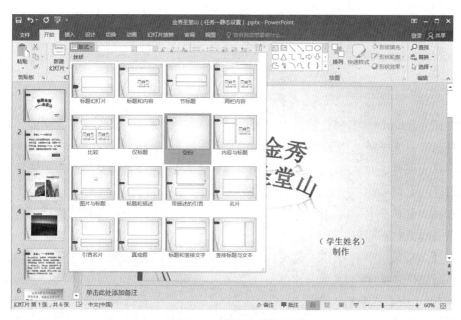

图6-9 选择幻灯片版式

4. 在幻灯片中输入文本内容

幻灯片主要是通过占位符的方式输入文本内容，幻灯片版式中占位符都有输入提示的信息，包括"输入文本提示"和"插入内容提示"。

1）输入文本提示

占位符内显示"输入文本提示"则说明该占位符用于输入文本，按要求直接输入文本即可，当然，不通过占位符也可以输入文本，方法是先插入文本框后再输入文本。

2）插入内容提示

占位符内显示"插入内容提示"则可通过占位符内图标添加表格、图表、SmartArt图形、图片、联机图片和视频文件等6种内容。

（1）插入表格：单击占位符内"插入表格"按钮，弹出"插入表格"对话框，输入相应的行列数，单击"确定"按钮即生成一表格，然后在功能区选择相应的表格样式，注意：默认情况下生成的表格是不带任何边框的，要单击"表格工具/设计"→"表格样式"→"边框"按钮进行添加，如图6-10所示。

（2）插入图表：单击占位符内"插入图表"按钮，在弹出的"插入图表"对话框中选择一种图表样式，确定后在弹出的窗口中输入新数据表，则对应图表插入到当前幻灯片中，如图6-11所示。

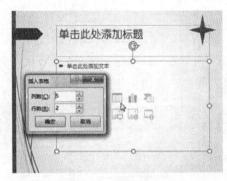

图6-10 插入表格

（3）插入SmartArt图形：单击占位符内"插入SmartArt图形"按钮，在弹出的"图示库"对话框中选择所需图示类型即可。

（4）插入图片：单击占位符内"图片"按钮，在弹出的"插入图片"对话框中，输入搜索图片的类型名称，搜索到所需图片即可。

（5）插入联机图片：单击占位符内"联机图片"按钮，在弹出的"联机图片"对话框中选择所需剪贴画即可。

（6）插入视频文件：单击占位符内"插入视频"按钮，在弹出的"插入视频"对话框中选择所需视频文件即可。

5. 幻灯片的编辑和格式化

幻灯片的编辑主要包括：对幻灯片进行选定、插入、删除、移动和复制等操作。

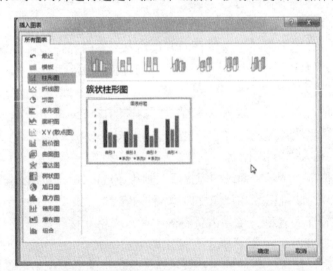

图6-11 插入图表

1）插入、删除幻灯片

制作演示文稿的过程实际就是制作一张张幻灯片的过程，当一张幻灯片制作完成后，要制作下一张幻灯片，就可用PowerPoint 2016提供的插入"新幻灯片"功能，在当前幻灯片之后插入下一张"新幻灯片"，方法是：在幻灯片视图中，单击"开始"→"幻灯片"→"新建幻灯片"按钮或者选定某一张幻灯片，然后按【Enter】键，就可以在当前幻灯片之后插入一张新的幻灯片。

当然，也可以将演示文稿中不需要的幻灯片删除，方法是：在幻灯片视图中选中需要删除的幻灯片，然后按【Delete】键，或选择"编辑"→"删除幻灯片"命令即可删除该幻灯片。

2）移动、复制幻灯片

演示文稿的幻灯片顺序可根据需要进行调整，通过移动和复制操作重新调整幻灯片的播放顺序，方法是：首先选中需要移动的幻灯片，然后利用快捷菜单中的"剪切"和"粘贴"命令，或者直接将幻灯片拖动到需要的位置就可以改变幻灯片的排列顺序。复制与移动操作相似，可以利用快捷菜单，也可以在拖动幻灯片的同时按下【Ctrl】键实现复制操作。

幻灯片的格式化就是指对幻灯片的标题、文本和内容进行的格式设置，与Word文档格式化设置基本相同，这里不再重复。

任务实施

1. 第一张幻灯片的制作

（1）选择"空白"的幻灯片版式。

（2）执行"插入"→"文本"→"艺术字"命令，然后选择艺术字样式"填充－橄榄色，着色4，软棱台"，然后设置艺术字格式为"文本效果→转换→跟随路径→上弯弧"样式，如图6-12所示。

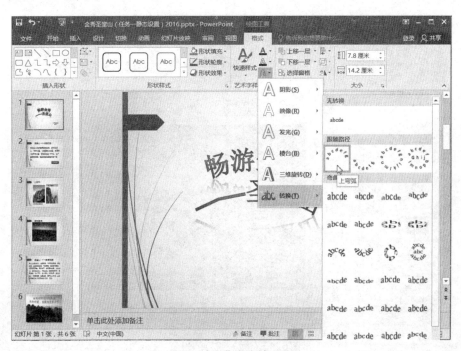

图6-12 艺术字的设置

（3）选择"设计"→"主题"→"丝状"选项。

2. 第二张幻灯片的制作

（1）选择"标题和内容"的幻灯片版式。

（2）打开"金秀圣堂山"这个文件，复制第一段到文本框。

（3）选择标题文字，设置为黑体、40号；选择正文，设置为幼圆、32号，行距为"1.5倍行距"。

（4）插入动作按钮：执行"插入"→"插图"→"形状"→"动作按钮：自定义"命令，在幻灯片右下角拖动生成一文本框，同时弹出"操作设置"对话框，在对话框中按图6-2设置。

（5）右击选择动作按钮，从快捷菜单中选择"编辑文字"，输入"想了解美景吗"。

3. 第三张幻灯片的制作

（1）选择"开始"→"幻灯片"→"新建幻灯片"→"比较"版式，标题输入"山峰PK"，设置为黑体、40号。

（2）在左右两个文本框中插入图片。

（3）在图片下方文本框中输入相应的文字，设置为幼圆、28号，调整右边文本框的位置。

4. 第四张幻灯片的制作

（1）选择"标题和内容"的幻灯片版式。

（2）在标题文本框中输入"精选美景"，设置为黑体、40号。

（3）在内容文本框中插入美景图片，如图6-13所示。

图6-13　插入图片的设置

5．第五张幻灯片的制作

（1）选择"标题和内容"的幻灯片版式，输入标题"圣堂山－美景概括"，设置为黑体、40号。

（2）打开"金秀圣堂山"文件，复制第二段文本到文本框，设置为幼圆、28号，行距为"多倍行距"，值为"1.4"。

6．第六张幻灯片的制作

（1）选择"空白"的幻灯片版式。

（2）插入图片6作为幻灯片的背景。

（3）在背景图插入艺术字，输入"如果这样的自然美景，是你所爱，那就来圣堂山吧！"，艺术字样式设置为"渐变填充－橄榄色，着色1，反射"，文本效果设置为"转换→弯曲→腰鼓"。

演示文稿的动态设置

任务二　演示文稿的动态设置

任务描述

设置"金秀圣堂山"旅游景观演示文稿的动态效果，要求：

（1）为第一张幻灯片的标题"畅游金秀圣堂山"添加"进入→飞入，效果→自顶部"和"强调→放大/缩小，效果→两者"的动画效果。

（2）为第四张幻灯片的"图片"添加"强调→陀螺旋，效果→顺时针"和"退出→轮子，效果→3轮辐图案"的动画效果。

（3）设置所有幻灯片的切换效果为"涟漪、从左下部、持续时间1.5秒"，换片方式为"单击鼠标时"。

（4）为第二张幻灯片中的"想了解美景吗"按钮，设置超链接到本文档中的"幻灯片6"，再设置"返回"按钮，超链接到第二张幻灯片。

知识准备

用于播放的演示文稿一般要设置动态效果，否则与播放 Word 文档没什么区别了，演示文稿动态设置通常包括：自定义动画、幻灯片切换、设置超链接。

1．自定义动画

自定义动画是一种预设的幻灯片中各对象在播放时的动态显示效果，PowerPoint 2016 提供的动画方案有进入动画、强调动画、退出动画和动作路径动画4类。

1）添加动画效果

选择幻灯片上要添加动画效果的对象，然后单击"动画"选项卡，在"动画"组中有多种动画方式的按钮，从中选择一种动画效果即可。设置的动画可单击"效果选项"按钮更改方向等，还可单击"预览"按钮查看动画的真实效果。

2）添加多个动画效果

一个对象可以设置多个动画效果，方法是选择幻灯片上要添加多个动画效果的对象，然后单击"动画"→"高级动画"→"添加动画"下拉按钮，单击需要添加的效果即可。设置多个动画效果可选择"动画"→"高级动画"→"动画窗格"命令，打开动画窗格，则可以更改动画顺序和删除动画效果。

2. 幻灯片切换

幻灯片切换是指从一张幻灯片过渡到另一张幻灯片的转换方式，设置幻灯片切换可以在幻灯片放映时获取较好的动画转换效果。幻灯片切换设置方法是：在幻灯片浏览视图中，选中准备设置切换方式的幻灯片，选择"切换"选项卡"切换到此幻灯片"组中的下拉按钮，则在功能区显示各切换方式按钮，单击选择所需的方式，如图6-14所示。在"切换"选项卡"计时"组中可以设置"声音""持续时间""换片方式"等选项，设置完幻灯片切换效果后，单击"预览"按钮，就可以在当前视图中浏览幻灯片的动画效果。

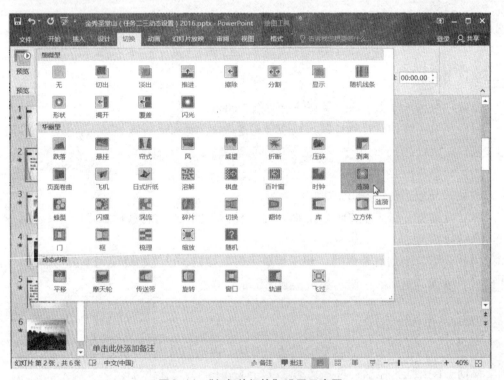

图6-14 "幻灯片切换"设置示意图

3. 设置超链接

超链接可以使内容或对象之间自动跳转，幻灯片放映时，为了便于内容或对象之间的自动跳转，经常在幻灯片中设置超链接，设置超链接的方法是：首先选定需设置超链接的对象，单击"插入"→"链接"→"超链接"按钮，则弹出"插入超链接"对话框，在对话框中选择超链接的相应位置，然后单击"确定"按钮，便可为所选对象创建超链接。也可以通过选择"插入"→"链接"→"动作"命令，在"操作设置"对话框中为所选对象创建超链接。

创建好超链接后，当幻灯片放映时，将鼠标指针移到下画线显示处，就会出现一个超链接标志（鼠标指针变成小手形状），单击鼠标（即激活超链接），幻灯片就跳转到超链接所设置的相应位置，如果链接的是另一张幻灯片，可在另一张幻灯片上也设置一个该幻灯片的超链接，以便返回到原幻灯片，如果链接的是网页、Word文档，可单击窗口中的"Web"工具栏中的"返回"按钮，返回到原幻灯片。

另外，PowerPoint还提供了一组代表一定含义的动作按钮，将某个动作按钮插入到幻灯片中，并为其设置超链接后，当幻灯片放映时，单击动作按钮就可以跳转到指定幻灯片。设置动作按钮的方法是：在幻灯片视图中，选择"插入"→"插图"→"形状"→"动作按钮"，列表框中的"自定义"选项，当指针变为十字形状时，在幻灯片上单击并拖动，则弹出"操作设置"对话框，在对话框中选中"超链接到"单选按钮，并在下拉列表框中选择合适的选项。

任务分析

案例需要设置的动态效果包括：为第一张、第四张幻灯片标题和图片添加多个动画效果、所有幻灯片要设置切换效果、第二张幻灯片中的"想了解美景吗"按钮要设置超链接。

任务实施

1. 设置动态效果

选定第一张幻灯片的标题"畅游金秀圣堂山"，单击"动画"选项卡，在"动画"组提供的动画方式中，选择"进入→飞入，效果→自顶部"动画效果，然后单击"动画"→"高级动画"→"添加动画"下拉按钮，在弹出的下拉列表框中选择"强调→放大/缩小"，在"动画"组中选择"效果选项"→"方向"→"两者"。

选定第四张幻灯片的图片，单击"动画"选项卡，在"动画"组提供的动画方式中，选择"强调→陀螺旋，效果→顺时针"，然后单击"动画"→"高级动画"→"添加动画"下拉按钮，在弹出的下拉列表框中选择"退出"→"轮子"，在"效果选项"中选择"3轮辐图案"。

2. 设置切换效果

选定"金秀圣堂山"演示文稿中的某张幻灯片，选择"切换"→"切换到此幻灯片"→华丽型"涟漪"选项，单击"效果选项"下拉按钮，选择"从左下部"，持续时间1.5秒，换片方式为"单击鼠标时"，最后单击"切换"→"计时"→"应用到全部"按钮。

3. 设置超链接

在第二张幻灯片中，选中"想了解美景吗"按钮。单击"插入"→"链接"→"超链接"按钮，弹出"插入超链接"对话框，在对话框的"链接到"选项组中，选择"本文档中的位置"，在对话框的"请选择文档中的位置"列表框中，选择"幻灯片6"，然后单击"确定"按钮，便可为"想了解美景吗"按钮创建超链接。

在幻灯片6中，单击"插入"→"插图"→"形状"按钮，拖动滚动条，从下拉列表中选择"动作按钮：自定义□"用鼠标在幻灯片的右下角画出动作按钮□，弹出"操作设置"对话框，选择"单击鼠标"选项卡，在"单击鼠标时的动作"下选择"超链接到：第二张幻灯片"，单击"确定"按钮，选择该按钮，右击弹出快捷菜单，选择"编辑文字"，输入"返回"。

视频

演示文稿的播放

任务三　演示文稿的播放

任务描述

设置"金秀圣堂山"演示文稿的自定义放映，顺序为第1张→第3张→第2张→第4张→第6张→第5张，自定义放映名称为：广西名山。

知识准备

制作完成的多媒体演示文稿在播放时，可以根据不同的场合选择不同的放映方式，幻灯片放映方式通常有人工放映和自动放映两种。

1. 人工放映

人工放映是指手动控制幻灯片播放时间的一种放映方式。采用人工放映方式时，在放映幻灯片前不必进行放映参数设置，即直接放映幻灯片，但放映时要通过鼠标或键盘手动控制幻灯片的播放时间。

2. 自动放映

自动放映是指先定义好放映的时间，然后按定义好的时间自动放映幻灯片的一种放映方式。放映时间的定义有自定义放映时间和排练计时两种。

1）自定义放映时间

选中准备设置放映时间的幻灯片，在"切换"功能区中提供了两种换片方式：一种是单击鼠标换片，另一种是按设定时间值自动换片。选择"设置自动换片时间"复选框，输入希望幻灯片在屏幕上停留的时间，即可设置幻灯片的放映时间。如果两个复选框都选中，即保留了两种换片方式，那么，在放映时以较早发生的为准，即设定时间还未到时单击了鼠标，则单击后就更换幻灯片，反之亦然。如果同时取消选择两个复选框，在幻灯片放映时，只能利用右键快捷菜单中的"下一页"命令更换幻灯片。

2）排练计时

当放映幻灯片时，同时伴随着讲解，如果此时用人工设定的时间，很难与一张幻灯片放映所需的具体时间保持一致。这就需要用到PowerPoint 2016提供的排练计时功能，在排练放映时自动记录使用时间，以此作为设定时间可以与放映所需的具体时间基本一致。排练计时的设置方法是：单击"幻灯片放映"→"设置"→"排练计时"按钮，即可开始排练放映幻灯片，同时开始计时。在屏幕上除显示幻灯片外，有一个"录制"工具栏，显示记录当前幻灯片的放映时间。当切换到下一张幻灯片时，又重新开始记录该幻灯片的放映时间。如果认为该时间不合适，可以单击"重复"按钮对当前幻灯片重新计时。放映到最后一张幻灯片时，弹出确认的消息框，询问是否接受已确定的排练时间。单击"是"按钮便可通过排练计时为各幻灯片设置放映时间。

3. 放映方式

幻灯片放映方式有从头开始放映、从当前幻灯片开始放映和自定义幻灯片放映三种。

（1）从头开始放映：单击"幻灯片放映"→"开始放映幻灯片"→"从头开始"按钮或直接按【F5】键，从头开始放映。

（2）从当前幻灯片开始放映：单击"幻灯片放映"→"开始放映幻灯片"→"从当前幻灯片开始"按钮。

（3）自定义幻灯片放映：单击"幻灯片放映"→"开始放映幻灯片"→"自定义幻灯片放映"→"自定义放映"按钮，弹出"自定义放映"对话框，单击"新建"按钮，弹出"定义自定义放映"对话框，在"幻灯片放映名称"文本框中输入放映名称，在"在演示文稿中的幻灯片"列表框中选择要放映的幻灯片，然后单击"添加"按钮，将其添加到"在自定义放映中的幻灯片"列表框中，通过按钮 ⬆ 和按钮 ⬇ 调整幻灯片的放映顺序，如图6-15所示。设置完成后，单击"确定"按钮，返回"自定义放映"对话框。单击"放映"按钮即可放映选定的幻灯片。

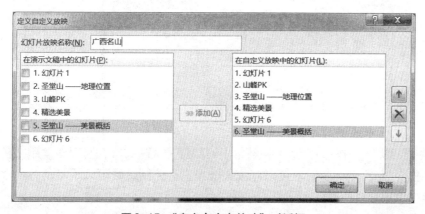

图6-15　"定义自定义放映"对话框

任务分析

案例需要对"金秀圣堂山"演示文稿重新定义放映顺序，并将放映名称命名为：广西名山。

任务实施

首先打开"金秀圣堂山"演示文稿，然后单击"幻灯片放映"→"开始放映幻灯片"→"自定义幻灯片放映"→"自定义放映"按钮，弹出"自定义放映"对话框，单击"新建"按钮，弹出"定义自定义放映"对话框，在"幻灯片放映名称"文本框中输入放映名称"广西名山"，在"在演示文稿中的幻灯片"列表框中分别按第1张→第3张→第2张→第4张→第6张→第5张顺序选择幻灯片，然后单击"添加"按钮，将其添加到"在自定义放映中的幻灯片"列表框中即可。

 知 识 拓 展

设置放映方式的方法是：单击"幻灯片放映"→"设置"→"设置幻灯片放映"按钮，打开"设置放映方式"对话框。在对话框的"放映类型"选项组中设有"演讲者放映""观众自行浏览""在展台浏览"三种放映类型，供用户选择，如图6-16所示。

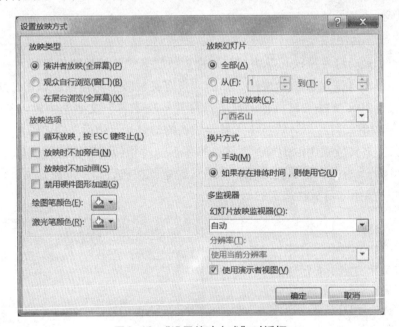

图6-16 "设置放映方式"对话框

演讲者放映（全屏幕）：是一种最常用的幻灯片放映方式。可以对演示文稿进行全屏显示。在这种方式下，演讲者可以对放映过程完全控制，既可以用自动方式放映，也可以用人工方式放映。

观众自行浏览（窗口）：这是一种小规模演示的放映方式。在这种方式下，演示文稿会出现在小型窗口内，并在放映时提供移动、编辑、复制和打印幻灯片的命令，使观众可以自己动手控制幻灯片的放映。

在展台浏览（全屏幕）：以全屏形式在展台上演示。在这种方式下，将按预先设置的时间和次序自动运行演示文稿，运行时大多数的菜单和命令都不可用，并且在每次放映完毕后自动重新开始。

在"放映选项"选项组中可以确定放映时是否循环放映、加旁白或动画。

在"放映幻灯片"选项组中指定要放映的幻灯片。选中"全部"单选按钮时将放映演示文稿中所有的幻灯片；选中"从……到"单选按钮时则放映指定的幻灯片。

在"换片方式"选项组中确定放映时的换片方式。"手动"方式指放映时必须手动切换幻灯片，系统将忽略预设的排练时间。"如果存在排练时间，则使用它"选项指使用预设的排练时间自动放映幻灯片。设置完成后，单击"确定"按钮即可放映幻灯片。

PowerPoint 2016 专业应用

任务四 幻灯片母版使用

视频

幻灯片母版使用

任务描述

在"金秀圣堂山"演示文稿中，利用幻灯片母版为2、4、5三张幻灯片插入"形状""星与旗帜"类中的"十字星"自选图形。

知识准备

1. 幻灯片母版

幻灯片母版是存储关联幻灯片的标题和文本、位置、背景图案和插入内容等信息的幻灯片，在幻灯片母版中更改存储信息的格式，关联幻灯片中的信息格式也会相应改变。当要统一设置所有幻灯片的标题与文本的格式、位置、背景图案、插入内容等时，就应该考虑用幻灯片母版来实现，不必一一在各幻灯片中添加，而且插入的新幻灯片默认保留幻灯片母版的所有属性。母版用于设置演示文稿中每张幻灯片的预设格式，可快速运用到系列幻灯片中。系统提供了4种用途不同的母版，分别是幻灯片母版、标题母版、讲义母版与备注母版4类，其中最常用的是幻灯片母版和标题母版，幻灯片母版用于控制幻灯片标题与文本的格式，标题母版用于控制标题版式幻灯片的格式。

2. 幻灯片母版的主要应用

幻灯片母版在"视图"选项卡中，可通过单击"视图"→"母版视图"→"幻灯片母版"按钮打开母版视图，利用母版视图可以更改字体格式、在幻灯片上插入相同的艺术图片，更改占位符的位置、大小和格式，更改设计模板等。

任务分析

在多张幻灯片中插入"形状""星与旗帜"类中的"十字星"自选图形，用幻灯片母版可一次达成，不必一一在各幻灯片中添加，会方便很多。

任务实施

（1）单击"视图"→"母版视图"→"幻灯片母版"按钮，就进入PowerPoint幻灯片母版，如图6-17所示。

图6-17 "幻灯片母版"选项卡

（2）在左边窗口中移动鼠标指针，在各个母版停留片刻，会显示哪几张幻灯片使用该母版的信息，当看到"标题和内容版式：由幻灯片2、4、5使用"时，选择该幻灯片母版。单击"插入"→"形状"→"星与旗帜"→"十字星"图形，在幻灯片右上角拖动即可，如图6-18所示。

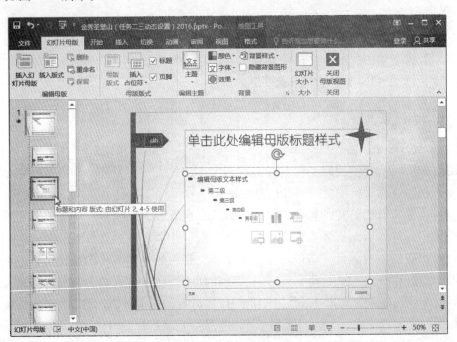

图6-18 幻灯片母版插入图形

（3）单击"幻灯片母版"→"关闭"→"关闭母版视图"按钮，关闭幻灯片母版视图，如图6-19所示。第2、4、5张幻灯片（除标题幻灯片外）都会自动插入形状，如图6-20所示。

图6-19 关闭幻灯片母版

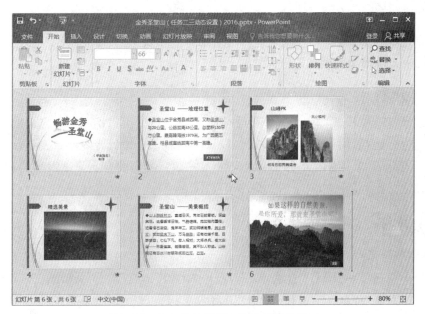

图6-20 幻灯片母版插入图形后的效果图

视频

毕业论文答辩
PPT 制作

任务五 毕业论文答辩 PPT 制作

任务描述

制作图6-21所示毕业论文答辩PPT。

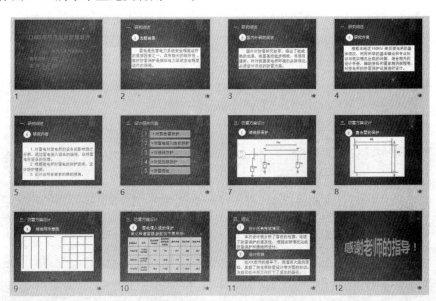

图6-21 毕业论文效果样式

要求：演示文稿必须包括论文题目、研究综述（简要说明国内外相关研究成果，述评并引出自己的研究）、研究方法与过程（采用方法和实施）、主要结论（自己研究的成果，多用图表、数据来说明和论证你的结果）。

任务分析

毕业设计答辩中PPT制作是一个很重要的环节一般情况包括以下几方面的内容：一是概括性内容，包括设计标题、答辩人、设计指导教师、设计专业、致谢等；二是研究综述，包括选题背景、国内外研究现状、研究方案、研究内容；三是设计的相关内容；四是方案设计；五是存在的问题与收获。

任务实施

1. 制作第一张幻灯片

创建一个空白演示文稿：选择"设计"→"主题"→"离子"选项，在"单击此处添加标题"文本框中输入"110 KV牵引变电所防雷设计"，在"单击此处添加副标题"文本框中输入"专业：电气工程及自动化，指导老师：XXX，答辩人：XXX"。调整文本框到适当的位置。选中标题文字，在"插入"→"文本"→"艺术字"下拉列表中选择"填充－白色，轮廓－着色2，清晰阴影－着色2"，单击"开始"选项卡，设置字体为宋体、44号。选中副标题文字，在"插入"→"文本"→"艺术字"下拉列表中选择"填充－白色，轮廓－着色2，清晰阴影－着色2"，单击"开始"选项卡，设置字体为宋体、32号，如图6-22所示。

2. 制作第二张幻灯片

选择"开始"→"幻灯片"→"新建幻灯片"→"仅标题"选项，在"单击此处添加标题"文本框中输入"一、研究综述"。单击"插入"→"文本"→"文本框"→"横排文本框"按钮，拖动鼠标画出文本框并在文本框中输入"选题背景"。再画一个文本框：输入"雷电…保障"，设置字体为宋体、32号，选择"插入"→"插图"→"形状"→"基本形状"→"椭圆"，按住【Shift】键拖动鼠标画圆，选择该圆→"绘图工具/格式"→"形状填充"→"白色"，"形状轮廓"→"红色"，对准该圆右击→选择"编辑文字"→输入"1"，设置字体为宋体，字号为32号。效果如图6-23所示。

图6-22　第一张幻灯片

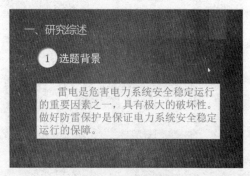

图6-23　第二张幻灯片

3. 制作第三、四、五张幻灯片

制作步骤同制作第二张幻灯片。

4. 制作第六张幻灯片

选择"开始"→"幻灯片"→"新建幻灯片"→"仅标题"选项，在"单击此处添加标题"文本框中输入"二、设计相关内容"。选择"插入"→"插图"→"SmartArt"→"垂直块列表"选项，并拖动鼠标画出文本框，由于列表只有三个，可以复制变成五个，然后在文本框依次输入序号和文本内容。设置字体为宋体、32号，效果如图6-24所示。

5. 制作第七张幻灯片

选择"开始"→"幻灯片"→"新建幻灯片"→"仅标题"选项，在"单击此处添加标题"文本框中输入"三、防雷方案设计"，设置字体为宋体、32号。参考第二张幻灯片，输入"1　进线段保护"。单击"插入"→"图像"→"图片"按钮，在打开的"插入图片"对话框中选中文件中的图片，适当调整图片大小和位置，选择"图片工具/格式"→"图片样式"→"图片边框"→"橙色"选项，效果如图6-25所示。

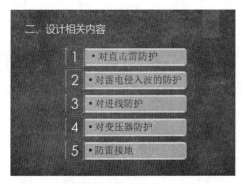

图6-24　第六张幻灯片

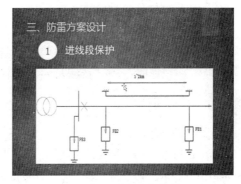

图6-25　第七张幻灯片

6. 制作第八、九张幻灯片

制作步骤同制作第七张幻灯片。

7. 制作第十张幻灯片

选择"开始"→"幻灯片"→"新建幻灯片"→"仅标题"选项，在"单击此处添加标题"文本框中输入"三、防雷方案设计"，设置字体为宋体、32号。参考第二张幻灯片，输入"4　雷电侵入波的保护"。选择"插入"→"表格"→"表格"→"插入表格"选项，在"插入表格"对话框中设置为4行7列，在表格中输入相关文字。选择"表格工具/设计"→"表格样式"→"中度样式4-强调1"，适当调整表格大小和位置，效果如图6-26所示。

8. 制作第十一张幻灯片

制作步骤同制作第二张幻灯片。

9. 制作第十二张幻灯片

选择"开始"→"幻灯片"→"新建幻灯片"→"仅标题"选项，单击"插入"→"文本"→"艺术字"按钮，在下拉列表中选择"填充–橙色–着色2，轮廓–着色2"，输入"感谢老师的指导！"。选择文字，选择"绘图工具/格式"→"艺术字样式"→"文字效果"→"转换"→"弯曲"→"停止"效果。适当调整艺术字大小和位置，如图6-27所示。

图6-26　第十张幻灯片　　　　　　　　　图6-27　第十二张幻灯片

10．设置幻灯片的切换方式

在幻灯片浏览视图下，选择奇数号幻灯片，在"切换"→"切换到此幻灯片"→"华丽"类型中，选择"棋盘"；选择偶数号幻灯片，同样操作，选择"时钟"。将"切换"→"计时"→"持续时间"设置为"2.00"。

知识拓展

演示文稿的打包

演示文稿制作完毕后，有时会在其他计算机上放映，如果所用计算机上未安装PowerPoint软件，或者缺少幻灯片中使用的字体等，就无法放映幻灯片或者放映效果不佳。另外由于演示文稿中包含相当丰富的视频、图片、音乐等内容，小容量的磁盘存储不下，这时就可以把演示文稿打包到CD中，便于携带和播放。如果用户PowerPoint的运行环境是Windows 10，就可以将制作好的演示文稿直接刻录到CD上，做出的演示CD可以在Windows 98 SE及以上环境播放，而无需PowerPoint主程序的支持，但需要将PowerPoint的播放器pptview.exe文件一起打包到CD中。

1．选定要打包的演示文稿

一张光盘中可以存放一个或多个演示文稿。打开要打包的演示文稿，选择"文件"→"导出"命令，单击"将演示文稿打包成CD"，弹出"打包成CD"对话框，这时打开的演示文稿就会被选定并准备打包，如图6-28所示。

如果需要将更多的演示文稿添加到同一张CD中，将来按设定顺序播放，可单击"添加"按钮，从"添加文件"对话框中找到其他演示文稿，这时窗口中的演示文稿文件名就会变成一个文件列表，如图6-29所示。

如需调整播放列表中演示文稿的顺序，选中文稿后单击窗口左侧的上下箭头即可。重复以上步骤，多个演示文稿即添加到同一张CD中。

图6-28　"打包成CD"对话框

图6-29　添加多个文件后的对话框

2. 设置演示文稿打包方式

如果用户需要在未安装PowerPoint的环境中播放演示文稿，或需要链接或嵌入TrueType字体，单击图6-28中的"选项"按钮就会弹出"选项"对话框，如图6-30所示。其中"包含这些文件"下有2个复选框：

（1）链接的文件：如果用户的演示文稿链接了Excel图表等文件，就要选中"链接的文件"复选框，这样可以将链接文件和演示文稿共同打包。

（2）嵌入的TrueType字体：如果用户的演示文稿使用了不常见的TrueType字体，最好选择"嵌入的TrueType字体"复选框，这样能将TrueType字体嵌入演示文稿，从而保证在异地播放演示文稿时的效果和设计相同。

若用户的演示文稿含有商业机密或不想让他人执行未经授权的修改，可以在"打开每个演示文稿时使用密码"或"修改每个演示文稿时所用密码"后面的文本框中设置密码。上面的操作完成后单击"确定"按钮，返回图6-28所示的对话框，即可准备刻录CD。

3. 刻录演示CD

将空白CD放入刻录机，单击图6-28中的"复制到CD"按钮，就会开始刻录进程。稍等片刻，一张专门用于演示PPT文稿的光盘就做好了。将复制好的CD插入光驱，稍等片刻就会弹出"Microsoft Office PowerPoint Viewer"对话框，单击"接受"按钮接受其中的许可协议，即可按用户先前设定的方式播放演示文稿。

4. 把演示文稿复制到文件夹

先把演示文稿及其相关文件复制到一个文件夹中，这样既可以把它做成压缩包发送给别人，也可以用其他刻录软件自制演示文稿光盘。

把演示文稿复制到文件夹的方法与打包到CD的方法类似，按上面介绍的方法操作，完成前两步操作后，单击"复制到文件夹"按钮，在弹出的对话框中输入文件夹名称和复制位置（见图6-31），单击"确定"按钮即可将演示文稿和PowerPoint Viewer复制到指定位置的文件夹中。

复制到文件夹中的演示文稿可以这样使用：一是使用Nero Burning ROM等刻录工具，将文件夹中的所有文件刻录到光盘。完成后只要将光盘放入光驱，就可以像PowerPoint

复制的CD那样自动播放了。假如用户将多个演示文稿所在的文件夹刻录到CD，打开CD上的某个文件夹，运行其中的"play.bat"就可以播放演示文稿了。如果用户没有刻录机，也可以将文件夹复制到闪存、移动硬盘等移动存储设备，播放演示文稿时，运行其中的play.bat即可。

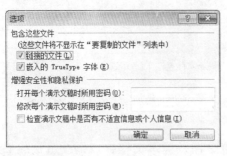

图6-30　"选项"对话框

图6-31　"复制到文件夹"对话框

视频

演示文稿的建立、编辑和效果设置

实训一　演示文稿的建立、编辑和效果设置

一、实训目的

（1）掌握PowerPoint 2016的创建、打开及保存。

（2）熟练掌握幻灯片的文本输入、编辑。

（3）掌握幻灯片的图片、图表插入和编辑，会建立组织结构图。

（4）会利用幻灯片的版式、主题方案、样式等功能美化幻灯片。

（5）掌握幻灯片的插入、删除、复制，会改变幻灯片的顺序。

（6）掌握幻灯片切换效果的设置。

（7）掌握幻灯片动画和声音效果的设置。

（8）掌握幻灯片动作按钮和超链接的设置。

（9）掌握母版的使用。

（10）掌握自定义放映的设置。

二、实训内容

（1）在D盘下建立学生文件夹，命名为"学号+姓名"。

（2）在学生文件夹下，新建一个名为"南城百货商场.pptx"的演示文稿，如图6-32至图6-39所示，共八张幻灯片。

（3）第一张幻灯片设计主题为"切片"，第二张至第八张幻灯片设计主题为"丝状"。

（4）在第八张幻灯片后插入一张新幻灯片，版式设置为"标题和内容"，内容如图6-40所示。

（5）设置动画：将第一张幻灯片标题设置为自右侧飞入、单击时出现；第二张幻灯片标题设置为"浮入"；第三张幻灯片标题设置为"缩放"，正文内容设置为"弹跳"效果，图片设置为"劈裂"效果。

（6）设置幻灯片切换：设置所有幻灯片切换效果为"涡流"、自底部、持续时间2 s，换页方式为3 s和"单击鼠标时"、声音为"打字机"。

（7）设置母版：用母版实现将第2~8张幻灯片的标题内容设置字体为华文行楷、48号、红色。

（8）设置超链接：在第三张幻灯片"分店介绍"中创建指向"新城分店简介"幻灯片的文字超链接"新城分店"。

（9）设置动作按钮：在第九张幻灯片右下角添加"返回"按钮，单击该按钮立刻跳转到第三张。在第三张幻灯片右下角自定义动作按钮，添加"前进""后退"和"退出"按钮，单击该按钮分别跳转到下一张、上一张幻灯片和结束放映。

（10）设置自定义放映，名称为"我的放映"，顺序为"1—3—4—2—5—6—7—8"。

（11）播放编辑好的幻灯片，比较它们的不同。

（12）存盘退出。

三、实训样式

图6-32　第一张幻灯片

图6-33　第二张幻灯片

图6-34　第三张幻灯片

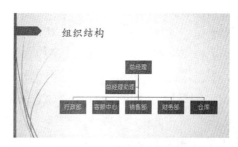

图6-35　第四张幻灯片

图6-36　第五张幻灯片

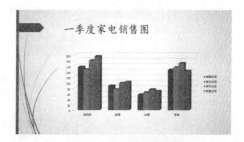

图6-37　第六张幻灯片

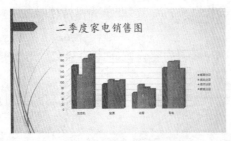

图6-38 第七张幻灯片

图6-39 第八张幻灯片

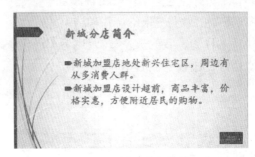

图6-40 第九张幻灯片

四、实训步骤提示

（1）在D盘下建立学生文件夹，命名为"学号＋姓名"。

打开D盘，单击右键，选择"新建"→"文件夹"命令，输入"学号＋姓名"的文件夹名字。

（2）在学生文件夹下，新建一个名为"南城百货商场.ppt"的演示文稿。

① 制作第一张幻灯片。

a.选择"开始"→"程序"→ Microsoft Office → Microsoft Office PowerPoint 2016命令。

b.选择"文件"→"新建"→"空白演示文稿"命令，则新建了一个演示文稿。

c.单击"设计"选项卡，在"主题"组中右击"切片"主题，从快捷菜单中选择"应用于选定幻灯片"，如图6-41所示，效果如图6-32所示。

d.在"单击此处添加标题"文本框内输入"南城百货商场"，单击标题边框，设置字体为隶书、60号、加粗。

e.选择"文件"→"保存"命令，打开"另存为"面板，双击"这台电脑"按钮，弹出"另存为"对话框，选择保存位置为D盘新建的学生文件夹。在"文件名"文本框中输入该文件的名字"南城百货商场"，单击"保存"按钮，将演示文稿保存在学生文件夹中。

② 制作第二张幻灯片。

a.单击"开始"→"幻灯片"→"新建幻灯片"→"标题和内容"版式，如图6-42所示。

b.在"单击此处添加标题"文本框内输入"南城百货商场简介"，单击标题边框，设置字体为楷体、48号、加粗。

图6-41 使用主题新建幻灯片

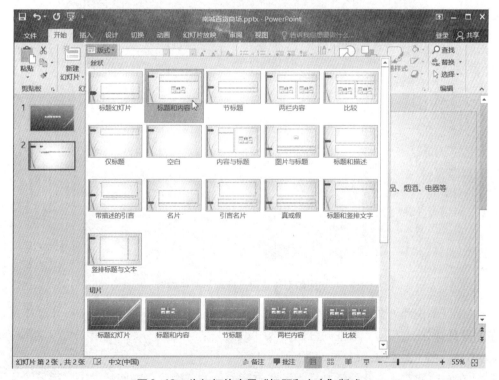

图6-42 为幻灯片应用"标题和文本"版式

c.在"单击此处添加文本"文本框内输入"南城百货商场股份有限公司是国有控股的百货连锁企业，销售食品、烟酒、电器等百货，并可线上购物。"，单击文本框，设置字体为楷体、32号，效果如图6-33所示。选择所有正文，右击，从快捷菜单中选择"段落"，弹出"段落"对话框，将文本之前缩进0.95厘米，悬挂缩进0.95厘米，段前6.72磅，行距设置为单倍行距，如图6-43所示，单击"确定"按钮。

图6-43 "段落"对话框

③制作第三张幻灯片。

a.单击"开始"→"幻灯片"→"新建幻灯片"→"两栏内容"版式，效果如图6-44所示。

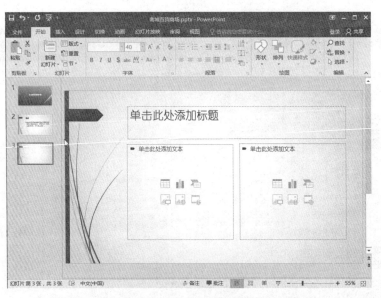

图6-44 为幻灯片应用"标题与两栏内容"版式

b.在"单击此处添加标题"文本框内输入"分店介绍"，设为楷体、48号，在左边的"单击此处添加文本"文本框内分别输入"城南分店、城北分店、城中分店、新城分店"设为楷体、40号，效果如图6-34所示。

c.在右边的"单击此处添加文本"文本框内单击"图片"按钮，弹出"插入图片"对话框，选择其中的"百货商场.jpg"文件，单击"确定"按钮，如图6-45所示。

图6-45 "插入图片"对话框

d.调整图片的大小，高度为8.5厘米，宽度为13.5厘米，并将图片调整到合适位置。

④ 制作第四张幻灯片。

a.单击"开始"→"幻灯片"→"新建幻灯片"→"标题和内容"版式。单击"插入"→"插图"→"SmartArt"按钮，弹出"选择SmartArt图形"对话框，选择图示类型为"层次结构"中的"组织结构图"，单击"确定"按钮，如图6-46所示。

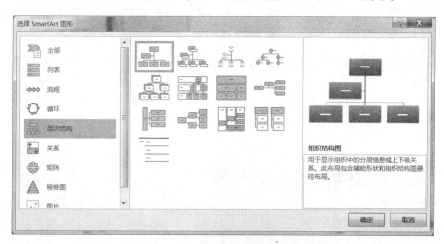

图6-46 "选择SmartArt图形"对话框

b.在"单击此处添加标题"文本框内输入"组织结构"，在下面的文本框内输入相应的信息，如图6-47所示。

c.在第一排文本框内输入"总经理"，第二排文本框内分别输入"总经理助理"、选择第三排文本框的任意一个文本框，右击，从快捷菜单中选择"添加形状"→"在后面添加形状"命令，添加两个形状，在第三排文本框内分别输入"行政部""客服中心""销售部""财务部""仓库"，效果如图6-36所示。

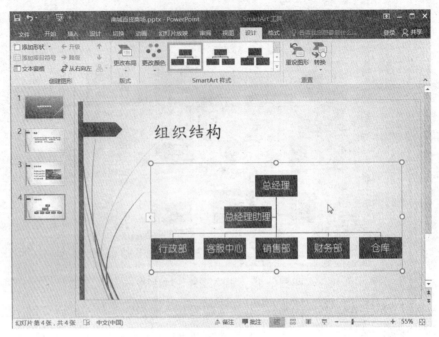

图6-47　在组织结构图中输入文字

⑤制作第五张幻灯片。

a.单击"开始"→"幻灯片"→"新建幻灯片"→"标题和内容"版式。在"单击此处添加文本"处单击"插入表格"按钮，则弹出"插入表格"对话框，设置"行数"和"列数"为5，单击"确定"按钮，如图6-48所示。

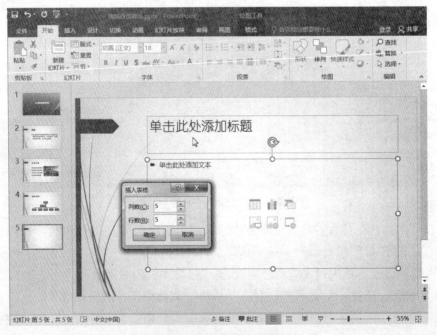

图6-48　"插入表格"对话框

b.在"单击此处添加标题"文本框内输入"一季度家电销售表"，设置为楷体、48号。

c.在表格内输入图6-36所示文本。设为"中度样式2，强调1"。

d.选定所有单元格，选择"表格工具/布局"→"对齐方式"→"垂直居中"，如图6-49所示，单击"关闭"按钮。

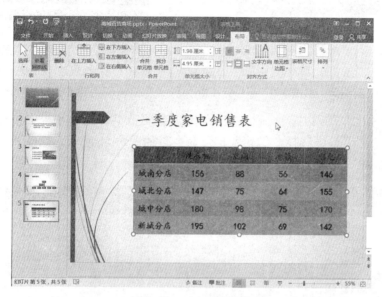

图6-49　对齐方式设置

⑥ 制作第六张幻灯片。

a.单击"开始"→"幻灯片"→"新建幻灯片"→"标题和内容"版式。在"单击此处添加文本"处单击"插入图表"按钮，弹出"插入图表"对话框，选择"三维簇状柱形图"版式，如图6-50所示。

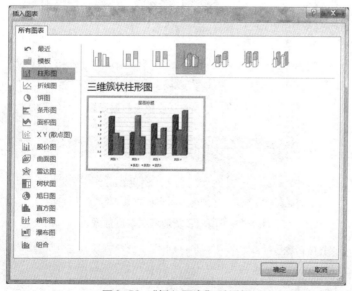

图6-50　"插入图表"对话框

b. 在"单击此处添加标题"文本框内输入"一季度家电销售图"。

c. 在图表上右击，选择"编辑数据"，出现图6-51所示的数据表。

d. 在数据表内粘贴图6-52所示的数据，单击空白处，结果如图6-37所示。

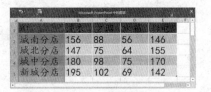

图6-51 数据表	图6-52 南城商场一季度数据表

⑦ 制作第七张幻灯片。复制第六张幻灯片，更改其数据。在第七张幻灯片的图表上右击，从快捷菜单中选择"编辑数据"命令，如图6-53所示，修改相应的数据，如图6-54所示。

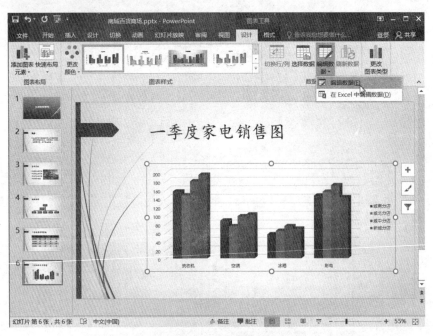

图6-53 修改一季度图表数据设置

A	洗衣机	空调	冰箱	彩电
城南分店	156	88	56	146
城北分店	120	103	85	168
城中分店	180	98	75	170
新城分店	200	150	109	90

图6-54 南城百货商场二季度数据表

⑧ 制作第八张幻灯片。

a. 单击"开始"→"幻灯片"→"新建幻灯片"→"空白"版式。

b. 选择"插入"→"文件"→"艺术字"→"填充-橙色，着色2，轮廓-着色2"，如图6-55所示。

c.在编辑艺术字文字的文本框中输入"南城百货商场欢迎您！"，设置为幼圆、54号，如图6-56所示。

d.调整艺术字效果为"绘图工具/格式"→"艺术字样式"→"文本效果"→"转换"→"弯曲"→"正三角"，高度为8厘米，宽度为20厘米，移动到合适位置，效果如图6-39所示。

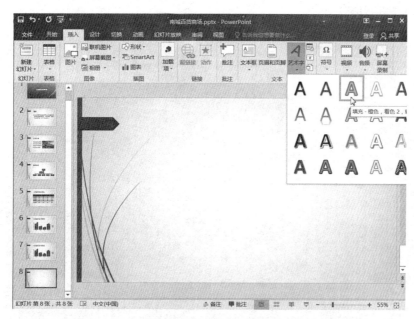

图6-55　插入艺术字

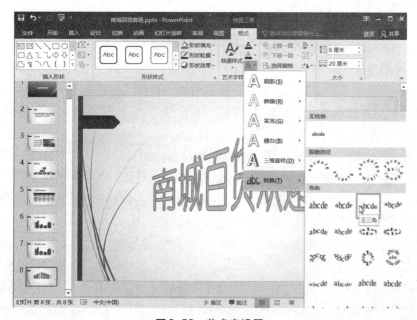

图6-56　艺术字设置

⑨ 设置动画

将第一张幻灯片标题设置为自右侧飞入、单击时出现；第二张幻灯片标题设置为"浮入"；第三张幻灯片标题设置为"缩放"，正文内容设置为"弹跳"效果，图片设置为"劈裂"效果。

a.选择第一张幻灯片的标题，单击"动画"→"高级动画"→"添加动画"按钮，从"添加动画"下拉列表中选择"飞入"，如图6-57所示，从"动画"组"效果选项"下拉列表中选择"自右侧"。

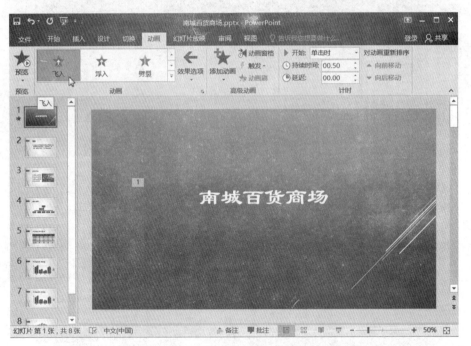

图6-57　为幻灯片标题设置动画

b.用同样的方法设置第二张、第三张幻灯片的动画效果。

c.在"动画"→"计时"→"开始"下拉列表中选择"单击时"。

⑩ 设置幻灯片切换。设置所有幻灯片切换效果为"涡流"、自底部、持续时间2秒，换页方式为3秒和"单击鼠标时"、声音为"打字机"。

选定第一张幻灯片，选择"切换"→"切换到此幻灯片"→"华丽"→"涡流"样式，在"效果选项"下拉列表中选择"自底部"，在"声音"下拉列表中选择"打字机"，"持续时间"设置为2秒，在"换片方式"中选择"单击鼠标时"，"设置自动换片时间"为3s，单击"全部应用"按钮，如图6-58所示。

⑪ 设置母版。用母版实现将第2~8张幻灯片的标题内容设置字体为华文行楷、48号、红色。

单击"视图"→"母版视图"→"幻灯片母版"按钮，打开"幻灯片母版"视图，单击左窗格中的"丝状　幻灯片母版：由幻灯片2-8使用"，然后在右窗格中选择"单击此处编辑母版标题样式"，如图6-59所示。单击"开始"选项卡，在"字体"组中设置字体为华文行楷、48号、红色。

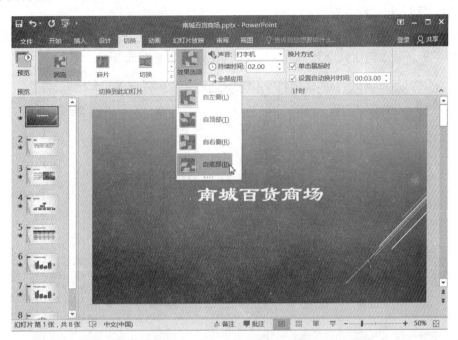

图6-58　为幻灯片标题设置动画

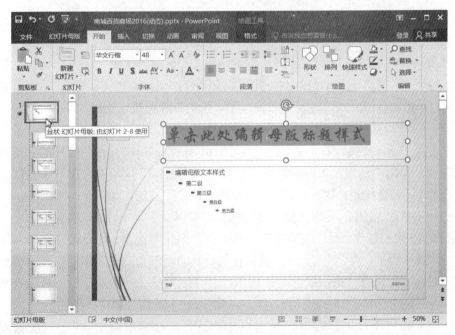

图6-59　用母版为幻灯片标题设置字体

⑫ 设置超链接。在第三张幻灯片"分店介绍"中创建指向第九张幻灯片"新城分店简介"的文字超链接"新城分店"。

a. 复制第二张幻灯片到第8张后面，把标题改为"新城分店简介"。

b. 选择第三张幻灯片，选定文本"新城分店"，单击"插入"→"链接"→"超链接"，弹出"插入超链接"对话框。

c. 选择在"链接到"列表中选择"本文档中的位置"，在"请选择文档中的位置"列表中选择"9.新城加盟店简介"，单击"确定"按钮，如图6-60所示。

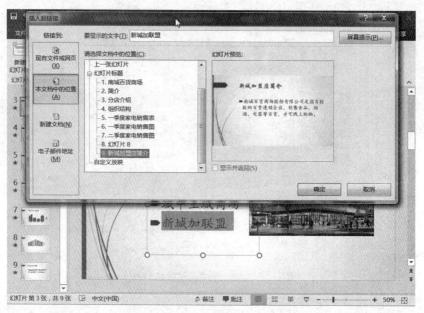

图6-60 "插入超链接"对话框

⑬ 设置动作按钮。在第九张幻灯片右下角添加"返回"按钮，单击该按钮立刻跳转到第三张幻灯片。在第三张幻灯片右下角自定义动作按钮，添加"前进""后退"和"退出"按钮，单击该按钮分别跳转到下一张、上一张幻灯片和结束放映。

a. 选择第九张幻灯片，单击"插入"→"插图"→"形状"按钮，拖动滚动条，在下拉列表中选择"动作按钮：自定义□"（如图6-61所示），用鼠标在幻灯片的右下角画出动作按钮□，弹出"动作设置"对话框，选择"单击鼠标"选项卡，在"单击鼠标时的动作"下选择"超链接到：第3张幻灯片"单击"确定"按钮，如图6-62所示。

b. 选择该按钮，右击，弹出快捷菜单，选择"编辑文字"，输入"返回"。

c. 选择第3张幻灯片，单击"插入"选项卡→"形状"按钮，拖动滚动条，从下拉列表中选择"动作按钮：自定义□"，用鼠标在幻灯片的右下角画出动作按钮□，弹出"操作设置"对话框，选择"单击鼠标"选项卡，在"单击鼠标时的动作"下分别选择"超链接到：上一张幻灯片""下一张幻灯片""结束放映"，单击"确定"按钮。

d. 分别选择三个按钮，右击，弹出快捷菜单，选择"编辑文字"，依次输入"后退""前进""退出"。

e. 调整好3个动作按钮的大小和位置。

⑭ 自定义放映。名称为"我的放映"，顺序为"1—3—4—2—5—6—7—8"。

a.选择"幻灯片放映"→"开始放映幻灯片"→"自定义幻灯片放映"按钮→"自定义放映"选项，如图6-63所示，弹出"自定义放映"对话框，单击"新建"按钮。

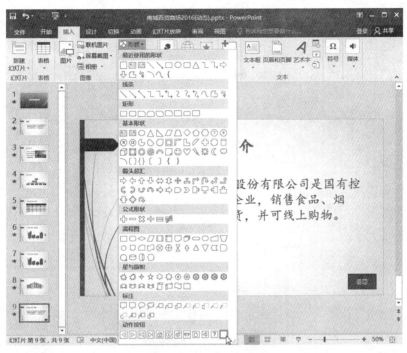

图6-61　插入动作按钮

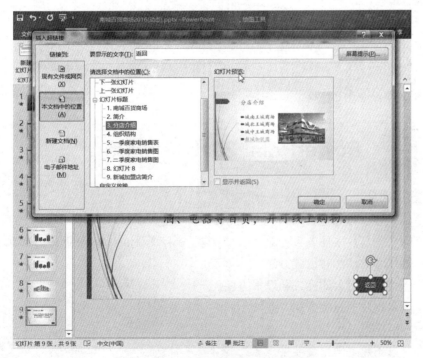

图6-62　"插入超链接"对话框

b. 弹出"定义自定义放映"对话框，在"幻灯片放映名称"文本框内输入"我的放映"，把"在演示文稿中的幻灯片"按"1—3—4—2—5—6—7—8"的顺序通过"添加"按钮添加到右侧的"在自定义放映中的幻灯片"框内，如图6-64所示。

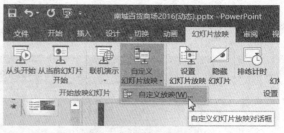

图6-63　自定义放映

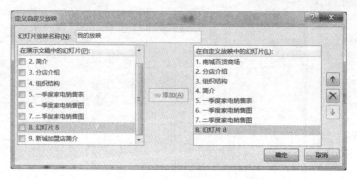

图6-64　"定义自定义放映"对话框

c. 单击"确定"按钮，返回"自定义放映"对话框，如图6-65所示，单击"放映"按钮，观察其变化。

⑮ 播放编辑好的幻灯片，比较它们的不同。单击"幻灯片放映"→"从头开始"或按键盘的【F5】键，比较与"我的放映"有什么不同。

⑯ 保存文件，退出 PowerPoint 2016。

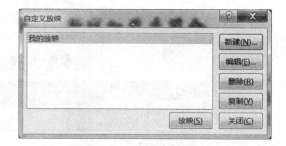

图6-65　"自定义放映"对话框

视频

PowerPoint 2016 综合应用

实训二　PowerPoint 2016 综合应用

一、实训目的

（1）掌握主题、母版、版式和占位符等的基本概念，理解其用途和使用方法。

（2）掌握在幻灯片中插入各种对象（如文本、图片、SmartArt 图形、形状和图表）。

（3）掌握动画的添加和设置方法。

（4）掌握多媒体对象的插入和设置方法。

（5）学会幻灯片的放映方法，理解不同的显示方式。

二、实训内容

（1）在 D 盘下建立学生文件夹，名为"学号＋姓名"。

（2）在学生文件夹中，新建一个名为"手机产品介绍.pptx"的个性化演示文稿。

① 创建空白演示文稿，插入艺术字"一手机，一世界！"，并设置艺术字格式为"华文行楷36号字、红色，文本效果→转换→弯曲→波形1"。应用"电路"主题美化幻灯片。

② 在幻灯片1中插入手机图片、修改图片背景、调整图片。

③ 在幻灯片2中插入SmartArt对象，输入相应文字。

④ 在幻灯片3中输入相应文字。

⑤ 在幻灯片4中插入表格，输入相应数字。

⑥ 在幻灯片5中插入图表，图表的数据来源是幻灯片4中表格的数字。

⑦ 在幻灯片2中的"产品特点""销售业绩"和"满意度调查"分别设置超链接，分别链接到幻灯片3、5、6。

⑧ 用母版设置：为第2~6张幻灯片的标题设为"华文行楷、40号、红色"，添加动画为"进入→飞入，效果为自顶部"；为第2~6张幻灯片内容框的内容添加动画为"进入→浮入，效果为上浮"；为第2~6幻灯片右下角添加一个"联想"的标志图案。

⑨ 给所有幻灯片添加切换效果为"随机"。

⑩ 设置自定义放映方式次序为幻灯片6-3-1。

三、实训样式

实训样式如图6-66~图6-71所示。

图6-66　标题：手机世界

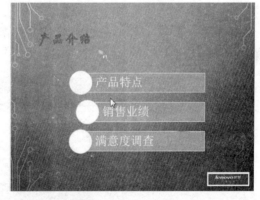

图6-67　产品介绍

图6-68　产品特点

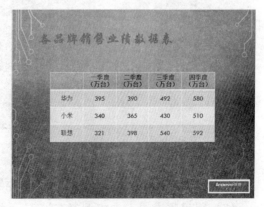

图6-69　销售业绩

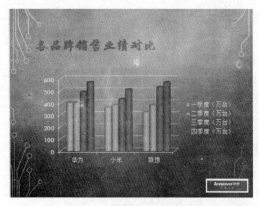

图6-70 销售业绩数据表

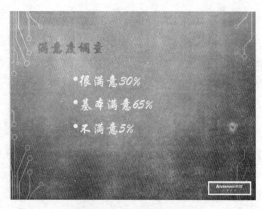

图6-71 满意度调查

四、实训步骤提示

难点操作提示如下：

（1）设置第一张幻灯片中的艺术字格式。

选择"插入"→"文本"→"艺术字"命令，输入"一手机，一世界"；单击"开始"→"字体"命令设置成"华文行楷36"，字体颜色为"深红"；选择"绘图工具/格式"→"艺术字样式"→"文本效果"→"转换"→"弯曲"→"波形1"效果。

（2）设置第一张幻灯片中的图片格式。

直接插入的图片带有白色背景色，单击"图片工具/格式"→"调整"→"删除背景"→"标记要删除的区域"→"保留更改"按钮，如图6-72所示。

图6-72 删除图片背景

（3）用母版设置：本实例要在第2～6张幻灯片中统一动画效果，可以通过母版来实现。

单击第二张幻灯片，选择"视图"→"幻灯片母版"命令，打开"幻灯片母版"视图，在左边窗格中拖动滚动条选择"标题和内容　版式：由幻灯片2-6使用"，选择主编辑区的"单击此处编辑母版标题样式"，再选择"动画"→"高级动画"→"添加动画"→"进入"→"飞入"选项，标题下面的文本内容设置和图案设置方法同上，退出幻灯片母版即可，如图6-73、图6-74所示。

图6-73　"视图"选项卡中的"幻灯片母版"命令

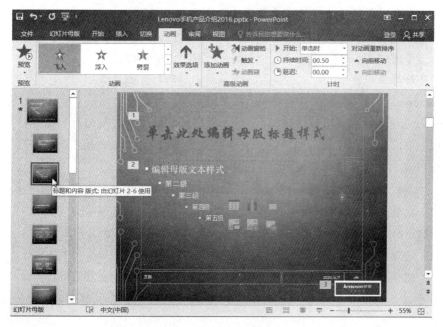

图6-74　母版的设置

一、选择题

1. 在PowerPoint中，可对母版进行编辑和修改的状态是（　　　）。

    A. 普通视图状态　　　　　　　　　　B. 备注页视图状态

    C. 幻灯片母版状态　　　　　　　　　　D. 幻灯片浏览视图状态

2. 要在选定的幻灯片中输入文字，（　　　）。

    A. 可以直接输入文字

B. 首先单击文本占位符，然后可输入文字

C. 首先删除占位符中的系统显示的文字，然后才可输入文字

D. 首先删除占位符，然后才可输入文字

3. 在幻灯片间切换中，不可以设置幻灯片切换的（　　　）。

    A. 换页方式　　　　　　　　　　　B. 背景颜色

    C. 效果　　　　　　　　　　　　　D. 声音

4. 在 PowerPoint 中，下列选项关于选定幻灯片的说法错误的是（　　　）。

    A. 在浏览视图中单击幻灯片，即可选定

    B. 如果要选定多张不连续幻灯片，在浏览视图下按【Ctrl】键并单击各张幻灯片

    C. 如果要选定多张连续幻灯片，在浏览视图下，按【Shift】键并单击最后要选定的幻灯片

    D. 在普通视图下，不可以选定多个幻灯片

5. 可以方便地设置动画切换、动画效果和排练时间的视图是（　　　）。

    A. 普通视图　　　　　　　　　　　B. 大纲视图

    C. 幻灯片视图　　　　　　　　　　D. 幻灯片浏览视图

6. PowerPoint 的"超链接"命令可（　　　）。

    A. 实现幻灯片之间的跳转　　　　　B. 实现演示文稿幻灯片的移动

    C. 中断幻灯片的放映　　　　　　　D. 在演示文稿中插入幻灯片

7. 在 PowerPoint 中，幻灯片放映方式的类型不包括（　　　）。

    A. 演讲者放映（全屏幕）　　　　　B. 观众自行浏览（窗口）

    C. 在展台浏览（全屏幕）　　　　　D. 在桌面浏览（窗口）

8. 在 PowerPoint 的下列 4 种视图中，（　　　）只包含一个单独工作窗口。

    A. 普通视图　　　　　　　　　　　B. 大纲视图

    C. 阅读视图　　　　　　　　　　　D. 幻灯片浏览视图

9. 对于演示文稿中不准备放映的幻灯片可以用（　　　）选项卡中的"隐藏幻灯片"命令隐藏。

    A. 设计　　　　　B. 幻灯片放映　　　　　C. 视图　　　　　D. 编辑

10. 在 PowerPoint 中，下列选项关于幻灯片的移动、复制、删除等操作，叙述错误的是（　　　）。

    A. 这些操作在"幻灯片浏览"视图中最方便

    B. "复制"操作只能在同一演示文稿中进行

    C. "剪切"也可以删除幻灯片

    D. 选定幻灯片后，按【Delete】键可以删除幻灯片

11. PowerPoint 中，启动幻灯片放映的方法中错误的是（　　　）。

    A. 单击演示文稿窗口右下角的"幻灯片放映"按钮

    B. 选择"幻灯片放映"→"从头开始"命令

C. 选择"幻灯片放映"→"从当前幻灯片开始"命令

D. 直接按【F6】键，即可放映演示文稿

12. PowerPoint中，下列说法中错误的是（　　　）。

　　A. 可以动态显示文本和对象　　　　B. 可以更改动画对象的出现顺序

　　C. 图表中的元素不可以设置动画效果　D. 可以设置幻灯片切换效果

13. 在幻灯片间切换，不可以设置幻灯片切换的（　　　）。

　　A. 换页方式　　　　　　　　　　　B. 背景颜色

　　C. 效果　　　　　　　　　　　　　D. 声音

14. 在PowerPoint中，幻灯片通过大纲形式创建和组织（　　　）。

　　A. 标题和正文　　　　　　　　　　B. 标题和图形

　　C. 正文和图片　　　　　　　　　　D. 标题、正文和多媒体信息

15. 在PowerPoint中，设置幻灯片放映时的切换效果为"百叶窗"，应使用（　　　）选项卡下的选项。

　　A. 动作　　　　B. 切换　　　　C. 动画　　　　D. 幻灯片放映

16. 对于设置了超链接的对象，下列说法正确的是（　　　）。

　　A. 可以编辑，也可以删除　　　　　B. 可以编辑，不可以删除

　　C. 不可以编辑，可以删除　　　　　D. 不可以编辑，也不可以删除

17. PowerPoint中，下列说法错误的是（　　　）。

　　A. 可以动态显示文本和对象　　　　B. 可以更改动画对象的出现顺序

　　C. 图表不可以设置动画效果　　　　D. 可以设置幻灯片切换效果

18. PowerPoint演示文档的扩展名是（　　　）。

　　A. .pptx　　　　B. .pwt　　　　C. .xslx　　　　D. .docx

19. 下列说法正确的是（　　　）。

　　A. 通过背景样式命令只能为一张幻灯片添加背景

　　B. 通过背景样式命令只能为所有幻灯片添加背景

　　C. 通过背景样式命令既可以为一张幻灯片添加背景也可以为所有幻灯片添加背景

　　D. 以上说法都不对

20. 一个演示文稿由多张（　　　）构成。

　　A. 讲义　　　　B. 备注页　　　　C. 幻灯片　　　　D. 演示文稿

21. PowerPoint中共有3种母版，下列（　　　）不属于3种母版之一。

　　A. 幻灯片母版　　　　　　　　　　B. 讲义母版

　　C. 格式母版　　　　　　　　　　　D. 备注母版

22. 在PowerPoint中，"开始"选项卡的（　　　）命令可以用来改变某一幻灯片的布局。

　　A. 背景　　　　B. 版式　　　　C. 绘图　　　　D. 字体

23. 若要查看主题或背景样式的实时预览，应（　　　）。

　　A. 将鼠标指针悬停在缩略图上　　　B. 右键单击缩略图

  C. 单击缩略图   D. 双击缩略图

24. PowerPoint 的各种视图中，（   ）只显示一个轮廓，主要用于演示文稿的材料组织、大纲编辑等，侧重于幻灯片的标题和主要的文本信息。

  A. 普通视图   B. 普通视图的大纲显示方式

  C. 幻灯片阅读   D. 幻灯片浏览视图

25. 在 PowerPoint 中，可以使用（   ）选项卡上的命令来为切换幻灯片时添加声音。

  A. 动画   B. 切换   C. 设计   D. 插入

26. PowerPoint 的超链接可以使幻灯片播放时自由跳转到（   ）。

  A. 某个 Web 页面   B. 演示文稿中某一指定的幻灯片

  C. 某个 Office 文档或文件   D. 以上都可以

27. 下列选项中，（   ）是正确的。

  A. PowerPoint 在网络方面的主要功能有：保存网页、保存动画和多媒体、自动调整用浏览器演示文稿时的页面大小

  B. 退出 PowerPoint 前，如果文件没有保存，退出时将会出现对话框提示存盘

  C. PowerPoint 有友好的界面，实现了大纲、幻灯片和备注内容的同步编辑

  D. 以上三种全对

28. 在为 PowerPoint 的演示文稿的文本加入动画效果时，艺术字体只能实现（   ）。

  A. 整批发送   B. 按字发送

  C. 按字母发送   D. 按顺序发送

29. PowerPoint 中，有关人工设置放映时间的说法中错误的是（   ）。

  A. 只有单击鼠标时换页

  B. 可以设置在单击鼠标时换页

  C. 可以设置每隔一段时间自动换页

  D. B、C 两种方法可以换页

30. PowerPoint 中放映幻灯片的快捷键为（   ）。

  A. F1   B. F5   C. F7   D. F8

31. 在 PowerPoint 中，如果放映演示文稿时无人看守，放映的类型最好选择（   ）。

  A. 演讲者放映   B. 在展台浏览

  C. 观众自行浏览   D. 排练计时

32. 在一张空白版式的幻灯片中不可以直接插入（   ）。

  A. 图片   B. 艺术字

  C. 超链接   D. 表格

33. 下面的对象中，不可以设置超链接的是（   ）。

  A. 文本上   B. 背景上   C. 图形上   D. 剪贴画上

34. PowerPoint中，下列说法中错误的是（　　）。

    A. 可以打开存放在本机硬盘上的演示文稿

    B. 可以打开存放在可连接的网络驱动器上的演示文稿

    C. 不能通过UNC地址打开网络上的演示文稿

    D. 可以打开Internet上的演示文稿

35. 在（　　）状态下，可以对所有幻灯片添加编号、日期等信息。

    A. 大纲视图　　　　　　　　　　　B. 幻灯片浏览视图

    C. 母版　　　　　　　　　　　　　D. 备注页视图

36. 下面说法正确的是（　　）。

    A. 在幻灯片中插入的声音用一个小喇叭图标表示

    B. 在PowerPoint中，可以录制声音

    C. 在幻灯片中插入播放CD曲目时，显示为一个小唱盘图标

    D. 上述3种说法都正确

37. 演示文稿改变主题后，（　　）不会随之改变。

    A. 字体　　　　　B. 颜色　　　　　C. 效果　　　　　D. 文字内容

38. 在PowerPoint中，下面说法错误的是（　　）。

    A. 幻灯片上动画对象的出现顺序不能随意修改

    B. 动画对象在播放之后可以再添加效果（如改变颜色等）

    C. 可以在演示文稿中添加超链接，然后用它跳转到不同的位置

    D. 创建超链接时，起点可以是任何文本或对象

39. 下列选项中，关于PowerPoint创建超链接的说法错误的是（　　）。

    A. 可以创建跳转到其他文件或WEB页的超链接

    B. 可以创建跳转到本演示文稿中其他幻灯片的超链接

    C. 不能创建跳转到新建演示文稿的超链接

    D. 可以创建跳转到电子邮件地址的超链接

40. 在PowerPoint中，下列幻灯片母版中的页眉页脚的说法错误的是（　　）。

    A. 页眉或页脚是加在演示文稿中的注释性内容

    B. 典型的页眉/页脚内容是日期、时间以及幻灯片编号

    C. 在打印演示文稿的幻灯片时，页眉/页脚的内容也可打印出来

    D. 不能设置页眉和页脚的文本格式

二、判断题

1. 在PowerPoint中幻灯片切换与动画设置都在动画选项卡中。　　　　　　　　（　　）

2. 在PowerPoint中除了用内容提示向导创建新的幻灯片，就没有其他的方法了。

    （　　）

3. 在PowerPoint中，"自动恢复"保存文稿是对文稿进行有规律保存的替代方式。

    （　　）

4. 启动 PowerPoint 之后，利用快捷键【Ctrl + O】，将打开"打开"对话框，然后可以打开需要的演示文稿。　　　　　　　　　　　　　　　　　　　　　（　　）

5. PowerPoint 中文本只能在文本框中输入。　　　　　　　　　　　　（　　）

6. 在 PowerPoint 中，要在幻灯片非占位符的空白处增加文本，可以先单击目标位置，然后输入文本。　　　　　　　　　　　　　　　　　　　　　　（　　）

7. 用户在插入新幻灯片时，只能在内置的版式中选择，不能自己创建新的版式。

　　　　　　　　　　　　　　　　　　　　　　　　　　　　　　（　　）

8. 在 PowerPoint 中，幻灯片的主题可以应用到所有幻灯片、个别幻灯片。（　　）

9. 在 PowerPoint 的窗口中，无法改变各个区域的大小。　　　　　　　（　　）

10. 用 PowerPoint 普通视图，在任一时刻，主窗口内只能查看或编辑一张幻灯片。

　　　　　　　　　　　　　　　　　　　　　　　　　　　　　　（　　）